数码单反主题摄影完全攻略

光合摄影网 编著

- 捕捉千娇百媚之完美人像
- 体验春夏秋冬之无限风光
- 聚焦琳琅满目之精致商品
- 展现美轮美奂之魔力建筑
- 抓拍生机勃勃之活力动物

海峡出版发行集团 THE STRAITS PUBLISHING & DISTRIBUTING GROUP | 福建科学技术出版社 FUJIAN SCIENCE & TECHNOLOGY PUBLISHING HOUSE

前言

随着数码相机的普及，摄影成为平民大众喜爱的一种文化娱乐方式，人人都想为自己生命中的美好时刻留下永恒的记忆。这一点从近年来庞大的数码相机用户群就可以看出。

摄影发展到今天，已经呈现出多元化的趋势，摄影领域在不断地扩展。主题摄影是现代摄影发展的一个趋势。有很多摄影爱好者在拿起相机后不知道该拍摄些什么、怎么拍摄。要想解决这些问题，在拍摄之前应该理一理自己的拍摄思路，我们可以从主题摄影中寻找答案。

本书共分为六章，从什么是主题摄影这一内容讲起，到分章逐一论述主题摄影在各类型的摄影创作中的方法及目的，结合文字与大量实际图例，有针对性且循序渐进地阐述了作者的观点及实际操作中的问题。初学者和有一定摄影基础的人们在拍摄时可能存在一些含糊性与麻木性，本书的编写目的就是对这些问题进行理性的指导，并提出较好的方法，希望能够帮助广大摄影爱好者梳理拍摄思路，进行有针对性的拍摄活动，从而涌现出更多的佳作。

目录

Contents

第1章 主题摄影初体验

第2章 千娇百媚！感知不同情境之人像

第3章 包罗万象！体验风光之魅力

第4章 流光溢彩！再现建筑之美

第5章 捕捉个性！另眼看动物

第6章 品味细腻！展示商品之风情

MIKIHOUSE

第 1 章

主题摄影初体验

不论我们想要拍摄的是人像、风光或是动物、建筑、商品，在进行摄影创作时，确定一个主题内容往往会帮助我们找到拍摄的方向以及目的。好的摄影作品首先必须主题明确，摄影者要创作出与众不同、出类拔萃的摄影作品，就应该从拍摄自己真正感兴趣的主题开始。

什么是主题摄影

"主题"一词最初是一个音乐术语，指乐曲中最具特征并处于优越地位的一段旋律。后来这一词被广泛用于文学艺术的创作之中，发展到今天，主题的含义有所变化，指的是作者的思想、情感以及文章的写作目的，是一个极其宽泛的概念。

自然风光主题的摄影作品，以大自然的壮丽景观为主要表现对象

光圈：F11 快门速度：1/125s 感光度：ISO100 曝光模式：光圈优先 曝光补偿：0EV

建筑主题摄影作品，以建筑物的外观结构为主要表现对象

光圈：F16 快门速度：1/125s 感光度：ISO100

曝光模式：光圈优先 曝光补偿：0EV

商业主题摄影作品，以具有商业性质的产品为主要表现对象

光圈：F16 快门速度：1/40s 感光度：ISO100

曝光模式：光圈优先 曝光补偿：0EV

如今"主题"一词又被引入到了摄影当中，独立成一种摄影新门类——主题摄影。摄影中的主题和文章中的主题从本质上来说是一样的：写文章是通过文字来表达主题，而摄影则是用摄影作品的画面形象和画面语言来表达主题。

文章中主题的表达依赖于各种语言元素的组合，比如文字组合起来成为词语，词语就能够表达一些简单的意思了，而词语经过一定的组合，并遵从一定的语法规则，就成为了句子。句子就是表情达意的基本结构了。而句子再进行进一步组合，就成为了文章，文章能够详细地阐述一定的故事和道理，这样就具有了表达主题的框架。

而摄影图片一样遵从这样的规律，每一张照片都是由最基本的影像元素组合而成的。

摄影者将自己的想法融入摄影作品中，利用作品中的构图、影调和各画面元素来反映照片的主题。因此主题摄影作品就在画面中赋予了某种观念性的东西。主题人像作品可以是使用一张照片来表达摄影者的主题，也可以使用多张照片来表达。单张照片表达主题时难度较大，多张照片表达较容易一些，但是对于一般的主题来说，可以使用单张照片表达的就不使用多张来表达，否则会显得繁琐。

以室内环境下的人物体现室内人像主题

光圈：F5.6　快门速度：1/200s　感光度：ISO100

曝光模式：光圈优先　曝光补偿：0EV

选择恰当的室外环境拍摄人物体现室外人像主题

光圈：F2.8

快门速度：1/250s

感光度：ISO100

曝光模式：光圈优先

曝光补偿：0EV

宠物主题摄影作品，表现活泼可爱的宠物

光圈：F4　快门速度：1/500s　感光度：ISO100　曝光模式：光圈优先　曝光补偿：0EV

在摄影中，主题是指摄影者在所创作的摄影作品中表现出来的中心思想，是作者的思想、情感或者审美情趣的体现。主题的表达需要适合的素材的组合，素材包括画面的主体、陪体和场景。从广义上来说，除了以上几样东西之外，还包括画面的构图、光线的运用，还有景物的外形特征等。这些素材经过合理的安排拍摄而成的摄影作品就可以表达主题，主题表达的好坏与素材的选择及其在画面中的安排有着直接的关系。

素材的合理安排就可以很好地表达画面的主题

光圈：F16　快门速度：1/40s　感光度：ISO100

曝光模式：光圈优先　曝光补偿：0EV

用于表达主题的素材

光圈：F16　快门速度：1/40s　感光度：ISO100

曝光模式：光圈优先　曝光补偿：0EV

杂志也可以成为表达主题的素材

光圈：F16　快门速度：1/40s　感光度：ISO100

曝光模式：光圈优先　曝光补偿：0EV

主题摄影的核心是摄影作品所表达的主要思想。不同的摄影题材，比如说人像、风光、动物、静物，都可以作为主题来拍摄。当这些题材作为主题来拍摄时，它们就已经不再是普通的人像、风光等等，主题摄影重在“意”，把握住了“意”的传达，就是一幅成功的主题摄影作品。

抓住画面的“意”是最重要的一点

光圈：F8

快门速度：1/250s

感光度：ISO100

曝光模式：光圈优先

曝光补偿：0EV

主题摄影的风格

风格以往是指音乐、绘画等艺术在形式上或者题材上的倾向，也是指艺术作品所表现出来的整体艺术感觉。“艺术来源于生活，高于生活”是艺术界的一句经典话语。摄影作为一种视觉表达方式，艺术性在其中占了很大的比例，而艺术性在很大程度上会受到风格的影响。因此，主题摄影的风格是首先要确定并需要深入了解的一个指标。

拥有独特风格的摄影作品

光圈：F11　快门速度：1/125s　感光度：ISO100　曝光模式：光圈优先　曝光补偿：0EV

大面积的简洁背景与小面积的主体对象使画面拥有独特的视觉效果

光圈：F3.5　快门速度：1/500s　感光度：ISO100　曝光模式：光圈优先　曝光补偿：0EV

摄影作为从传统的绘画艺术中分离出来的一种现代艺术形式，在风格上也经历了传统绘画的每个阶段。早期的希尔和亚当逊的古典人像到真实写照的奥古斯特·桑德文献般的人像，再到另类的戴安·阿勃丝的“畸形人”，从雷兰德和罗宾逊的蒙太奇画意摄影到真实记录的爱默生的自然主义摄影，再到斯蒂格利茨和斯特兰德的现代主义摄影，从布列松的决定性瞬间到弗兰克的现代纪实摄影无不显示出摄影风格发展的迅速。

《乔治湖畔》 阿尔弗雷德·斯蒂格里 摄

《胜利之吻》阿尔弗雷德·艾森斯塔特 摄

《年轻的庄稼汉》 奥古斯特·桑德 摄

《人生的两条道路》 雷兰德 摄

《双胞胎》 戴安·阿勃丝 摄

《美国人》罗伯特·弗兰克 摄

主题摄影的风格既摆脱不了传统摄影的影响，又在传统摄影的发展之路上继续前行。主题摄影的风格以传统摄影为依托，以表达照片的“意”为目的，在所拍摄的画面中使用一些摄影技巧，也包括其他方面的辅助，使照片不再是传统的摆拍，简单的抓拍。譬如在人像摄影中，主题摄影的拍摄可能会动用服装、造型、化妆、灯光、场景和模特的表演等来完成一个主题的摄影，说到底它越来越像电影的拍摄了。

人像摄影的场景构成

光圈：F8　快门速度：1/200s　感光度：ISO100　曝光模式：光圈优先　曝光补偿：-0.7EV

第2章

千娇百媚！感知不同情境之人像

人像摄影，我们必须首先从人物本身着手，了解人物的特点，并根据这些特点为人物找到一个最为合适的拍摄方案。为人像拍摄确定一个适当的主题，能够帮助我们在拍摄过程中掌握到拍摄重心，表现独特的画面风格。

好身材的甜姐儿

在户外广告、电视广告、杂志广告中，拥有美丽脸蛋、完美身材的广告模特总是令人眼前一亮。其实现实生活中的美女虽然都有其独特的美丽外形，但大多数也都有一定的缺陷，在拍摄时应该扬长避短，才能拍出最优美的形象来。在拍摄过程中，摄影者要注意扬长避短，发现模特好的地方并将之表现出来，然后对于模特的短处采取一些手法加以掩饰，但不管怎样，保持模特的自然是最重要的。

拍摄时应该扬长避短

光圈：F4　快门速度：1/250s　感光度：ISO100

曝光模式：光圈优先　曝光补偿：0EV

■ 图片提示

1.使用广角，使相机尽可能靠近被拍摄体

2.使用高速快门进行拍摄

曲线是表现美女身材的最佳姿势

光圈：F4　快门速度：1/250s　感光度：ISO100

曝光模式：光圈优先　曝光补偿：0EV

表现美女的完美身材的一个非常重要元素就是模特的姿势，有无好的姿势是画面成功与否的关键。其实好的姿势也并不是什么复杂的问题，它来源于生活，只要我们对生活多加观察就会了解，此外，我们只需对姿势稍加改善就会使之更加完美。

对于美女来说，最美的地方就是胸部和臀部的曲线，摄影者应该记住最能够表现美女形体美的“S”形曲线。

姿势和背景的完美结合

光圈：F2.8　快门速度：1/500s　感光度：ISO100

曝光模式：光圈优先　曝光补偿：0EV

在实际拍摄时，以下几点需要注意，这样可以保证你拍摄出的照片中美女的姿势近乎完美：模特的身体不要正对着镜头，而且模特的胸部一定要舒展，否则模特的胸部将得不到较好的表现；侧身时面对镜头的肩部要低一点，露出模特的脖子，这样就可以得到很美的线条；腰部的表现也是非常重要的，模特的腰部应该尽量往一边侧斜，这样看起来会更加自然。

模特身体不要正对镜头

光圈：F2.8　快门速度：1/1000s　感光度：ISO100
曝光模式：光圈优先　曝光补偿：0EV

侧面拍摄表现人物的曲线美

光圈：F8　快门速度：1/250s　感光度：ISO100　曝光模式：光圈优先
曝光补偿：0EV

■ 图片提示

1.使用广角，使相机尽可能靠近被拍摄体
2.使用慢速快门进行拍摄

此外，模特的手势也是非常重要的，手可以引导或者集中观众的注意力，较好的手的姿势可以增加画面的趣味性。在摆好身体的姿势后，应该注意手的动作，让它与身体的姿态和谐地统一。

模特的手势是非常重要的

光圈：F8
快门速度：1/125s
感光度：ISO100
曝光模式：光圈优先
曝光补偿：0EV

街头美女

街头混杂了各色各样的人，场景也十分杂乱，如果想要获得干净的背景，就需要费一番周折。尽管这样，街头还是充满了各种富有活力和新奇感的事物，因此拍摄街头美女充满了超现实的意味；从另一方面来讲，街头拍摄的美女人像，又充满了真实意味，这样的照片恰恰能够给人以最大的感染力。

街头美女充满了超现实的意味

光圈：F2.8　快门速度：1/250s　感光度：ISO100　曝光模式：光圈优先　曝光补偿：0EV

街头拍摄首要解决的就是选择什么样的背景的问题。背景对于一张照片来说是至关重要的，一幅成功的作品的背景一定是恰到好处的。选取街头摄影的背景既要真实地反映出街头的真实感，又不能让杂乱的背景喧宾夺主，抢了美女的风头。

初学者往往在拍摄时都有这方面的问题，因为他们在拍摄时都只注意作为主体的人物，而忽略了背景的选择。在拍摄时，记得换几个角度拍摄，选择合适的背景，总之应该记住一个原则——少即是多。

虚化背景可以得到主体突出的照片

光圈：F1.8　快门速度：1/100s　感光度：ISO100

曝光模式：光圈优先　曝光补偿：0EV

虚化的背景能够更加突出人物的神情

光圈：F2.8　快门速度：1/160s　感光度：ISO100

曝光模式：光圈优先　曝光补偿：0EV

在实际的拍摄过程中，将主体人物安排在画面的什么位置也是一个极其重要的问题。并不是说主体就必须放置在画面的中间位置。而更多的情况下，我们可以将主体放置在画面的黄金分割点上，这样会获得更好的画面效果。

在安置好主体后，对于街道背景的安排也要慎重地考虑，这没有一个固定的规矩，但是有一些基本的原则可以参考。如背景街道背景要尽量简洁、尽量避免不相关人物的出现等。

街拍美女时应该主动上前与美女打招呼

光圈：F5.6　快门速度：1/250s　感光度：ISO100

曝光模式：光圈优先　曝光补偿：0EV

指导模特摆姿势并进行拍摄

光圈：F8　快门速度：1/125s　感光度：ISO100

曝光模式：光圈优先　曝光补偿：0EV

抓拍行进中的模特

光圈：F5.6　快门速度：1/250s　感光度：ISO100

曝光模式：光圈优先　曝光补偿：0EV

此外，如果拍摄全身，给背景留出的空间应该多一些，使画面不至于显得很局促，如果拍摄胸像、头像时，背景应该少一些，这样观众的视线将会更加集中。

将橱窗内的模特做画面道具

光圈：F5.6　快门速度：1/250s　感光度：ISO100

曝光模式：光圈优先　曝光补偿：0EV

将广告牌作为道具

光圈：F5.6　快门速度：1/250s　感光度：ISO100

曝光模式：光圈优先　曝光补偿：0EV

街头拍摄的重点在于拍摄出生活中真实自然的街头感觉，但是在实际拍摄时，如果我们拍摄的模特不是专业的模特，很有可能得不到我们想要的效果。这时，可以借助一些街头的道具、小景来达到我们的要求，如街头长椅、花坛、凳子等。此外，模特的肢体语言也应该注意，最好是做一些小的动作，人物会显得比较自然。

在实际拍摄时，画面的表达要靠技术来体现。通常说来，除非要特意地体现背景中的景物，否则街道的背景仅是用来作为一种有别于主体的影调成分出现在画面中，可以采用放大光圈的方法，使其虚化而变得模糊。使用大光圈时，景深变小，美女后面的背景变得模糊，美女就被非常清晰地突显出来。建议在拍摄时使用长焦镜头，并采用大光圈，这样就可以达到虚化背景，突出美女的效果。

虚化背景　突出模特

光圈：F2.8 快门速度：1/1000s 感光度：ISO100 曝光模式：光圈优先
曝光补偿：0EV

■ 图片提示

1.使用长焦，拉近相机与模特的距离

2.使用大光圈虚化背景突出主体

大光圈、高速快门抓拍模特

光圈：F4 快门速度：1/500s 感光度：ISO100 曝光模式：光圈优先
曝光补偿：0EV

在拍摄时为了使美女皮肤的曝光达到最佳的效果，应该使用相机的“点测光”模式来进行测光，测光时应该将相机取景框的中心对准美女的脸部进行。

另外，最好使用“光圈优先”或者全手动的曝光模式进行拍摄，这样，摄影师才能够有最大的自由度控制相机的曝光。

以模特的皮肤为准进行测光

光圈：F5.6 快门速度：1/250s 感光度：ISO100
曝光模式：光圈优先 曝光补偿：0EV

用较快的快门速度抓拍动态中的模特

光圈：F5.6 快门速度：1/250s 感光度：ISO100
曝光模式：光圈优先 曝光补偿：0EV

情侣主题写真

近年来婚纱影楼、写真工作室在国内遍地开花，许多追求个性、追赶潮流的年轻人也纷纷去拍摄情侣写真，以此留下他们年轻时的美好回忆。

时下情侣主题写真风格趋向于写实、轻松、活泼，更加地贴近生活。

情侣主题写真趋向于写实、轻松、活泼的风格

光圈：F8　快门速度：1/250s　感光度：ISO100　曝光模式：光圈优先　曝光补偿：0EV

在拍摄情侣写真时，两个人的姿势与配合非常重要。

比较亲昵的姿势，才能够表现出二人的浪漫情景，通常的姿势有“面对面”、“背靠背”、“面向镜头”。

“面对面”是常用的情侣拍摄姿势之一，这种姿势比较灵活，是最能够表现情侣之间的甜蜜的拍摄方式。在实际拍摄时，可以让情侣面对面相视站立，并做一些轻松的动作，这样拍摄出来的照片更加自然和丰富。

“面对面”是常用的情侣拍摄姿势之一

光圈：F11　快门速度：1/250s　感光度：ISO100　曝光模式：光圈优先　曝光补偿：0EV

技巧提示

年轻人都希望自己的照片是独一无二的，不希望自己被埋没在人群中而不被发现。而个性写真之所以受欢迎，就是因为摄影师能够做到标新立异、创意无限。在拍摄的时候，只要多花一点心思，多想一些创意，拍摄出来的照片一定会体现张扬的个性。

“背靠背”也是情侣摄影中频繁使用的一种姿势，这种姿势可以表现出两人陶醉在浪漫的爱情氛围之中，充满了幸福的气息。这种姿势首先要将两人的姿势调整好，包括手、头和表情的安排，同时需要一个比较梦幻的场景做背景。这样拍摄出来的照片就基本成功了，摄影者如果再在画面中添加一些其他的契合主题的元素就更加完美了。

“面向镜头”是更常用的一种姿势，但是这种姿势也是更加难以安排的，摄影者可以在拍摄时指导模特做出一些轻松活泼的动作，比如情侣间做亲昵状，或者手拉手并伸展开来做飞翔状等等。

抓拍可以拍摄到轻松自然的照片

光圈：F5.6　快门速度：1/500s　感光度：ISO100
曝光模式：光圈优先　曝光补偿：-0.7EV

面向镜头时可以看到两人的默契

光圈：F8　快门速度：1/125s　感光度：ISO100
曝光模式：光圈优先　曝光补偿：0EV

情侣照片采用抓拍的手法进行拍摄，可以拍出轻松自然的风格。由于作为被摄对象的情侣通常不是专业的模特，不能够在一个动作上保持很长时间而依然做到比较自然，因此摄影者应该指导情侣不停地做出动作，然后再快速地抓拍，这样才可以拍摄出真实自然的情侣照片。

情侣照片的拍摄地点自然是比较适合他们的场所，比如校园、马路、商场、酒吧等地。这些场所是情侣经常出入的场所，在这样的场所中拍摄能够让情侣们较放松，也能够衬托出情侣们年轻自在的气质。

运动场也是拍摄情侣的最佳场所，可以展示出年轻情侣富有青春活力的特点。拍摄时首先应该让他们换上相配的运动装，再加上一些运动配饰，然后可以带上一些运动器材当道具，这样有助于拍出成功的运动系列的情侣照片。

此外，空旷的草地也是拍摄的绝佳场所。尤其在春夏季节，绿油油的青草加上蓝天白云的背景更能体现出年轻情侣富有朝气的一面。

人物的服装也是拍摄情侣照片需要注重的方面，通常情侣可以着情侣装，即相同款式相同色彩的服装，再加上大同小异的配饰，这样二人看起来会非常的协调，能够营造出和谐亮丽的效果。如果有更高的要求，建议选择不同款式的服装和配饰，只要搭配合理，色彩、造型相近互补，同样可以得到不错的效果，甚至更加完美而富有特色。

夜晚街道上拍摄的情侣照片

光圈：F8 快门速度：1/125s 感光度：ISO400 曝光模式：光圈优先 曝光补偿：0EV

草坪上拍摄的情侣照片

光圈：F5.6 快门速度：1/125s 感光度：ISO100 曝光模式：光圈优先 曝光补偿：0EV

情侣的着装一定要协调

光圈：F8 快门速度：1/250s 感光度：ISO100 曝光模式：光圈优先 曝光补偿：0EV

情侣主题写真拍摄的对象通常是年轻的情侣，所以在拍摄时应该抓住这一特点，在构图中有所体现。

首先照片的画面应该保持均衡，即画面中的人物和其他景物的安排要均衡，避免产生太偏或者太空的失衡画面，这样才能够给观众以稳定、和谐的感觉。另外，摄影者可以根据主题的表达进行大胆的构图和裁切，尽量在画面中融入年轻、时尚的特色，以符合年轻情侣写真的主题。

拍摄常规的情侣照片要注意构图均衡

光圈：F8 快门速度：1/125s 感光度：ISO100
曝光模式：光圈优先 曝光补偿：0EV

广角镜头可以拍摄到更多的场景

光圈：F5.6 快门速度：1/125s 感光度：ISO100
曝光模式：光圈优先 曝光补偿：0EV

在开始拍摄情侣主题写真之前可以预先准备一些情境，也就是故事情节。摄影者可以与情侣进行沟通，以拍出贴近两人实际生活的情侣照片。

拍摄有故事情节的照片，为了达到更加逼真的效果，可以提前预想剧情，如果有足够的时间，可以写一个小剧本，然后按照剧本来排练、寻找感觉，同时可以拍摄。

表演的逼真性会直接影响画面的效果，另外现场的布置也是非常重要的，同样应该按照剧本来布置拍摄现场。

此外，光线的运用也是不容忽视的一个环节，可以在拍摄现场布置一些摄影灯，一是为了降低反差，二是为了营造现场真实的光效，为剧情的真实性服务。

情侣示爱的场景

光圈：F8 快门速度：1/125s 感光度：ISO100
曝光模式：光圈优先 曝光补偿：0EV

庆祝生日的故事情节

光圈：F8 快门速度：1/125s 感光度：ISO100
曝光模式：光圈优先 曝光补偿：0EV

泳装美女

比基尼泳装写真是一种常见的美女写真题材，是受广大的摄影爱好者喜爱的一种写真方式。模特优美婀娜的身姿、别致的泳装、风情万种的表情、优雅的动作无不传达出女性无限的柔美。但是泳装美女写真的拍摄也有着非常大的难度，对摄影者来说是一个非常大的挑战，但也是一个非常好的创作机遇。

拍摄泳装美女非常考验创作水准

光圈：F4 快门速度：1/500s 感光度：ISO100 曝光模式：光圈优先 曝光补偿：0EV

泳装写真照片在拍摄之前首先要解决的问题是如何选择场所。自然，泳池或者海边是比基尼泳装的最佳拍摄场所。不过在选择泳池或者海边时要考虑水的清澈度、水面的洁净度、水量以及水深等问题，这些都是影响最终摄影作品好坏的因素，摄影者必须根据作品主题的需要做出适当的选择。如果选择泳池，游泳池内的造型、色彩，以及其他的泳池设施都是需要考虑的问题。

针对不同摄影作品的主题风格，需要选择不同的泳池，如果选择在海边拍摄也要根据海边的情况进行，包括时间段、光线、天气情况等做出不同的选择。

场地的选择是非常重要的

光圈：F5.6 快门速度：1/125s 感光度：ISO100 曝光模式：光圈优先 曝光补偿：0EV

以沙滩为背景更能体现一份惬意的感觉

光圈：F5.6 快门速度：1/250s 感光度：ISO100 曝光模式：光圈优先 曝光补偿：0EV

比基尼泳装美女写真照片在拍摄时，应该掌握好光圈的大小和感光度的大小，同时要控制好快门，以使曝光准确。大光圈虚化背景的手法在此时应该谨慎使用，因为，如果虚化过度，背景中的环境就得不到很好的表现，如果少了背景中泳池和水的配合，就达不到我们想要的效果了。此外，值得注意的是，在拍摄水中的泳装美女写真照时，如果阳光照射在水面上，应该避免让光线直接反射到镜头中去，否则会严重破坏照片的画面效果。

避免水面的反光直接射入镜头

光圈：F8 快门速度：1/125s

感光度：ISO100 曝光模式：光圈优先

曝光补偿：0EV

拍摄泳装美女时，往往水的亮度要高于模特皮肤的亮度，在这样的环境下，相机的测光系统非常容易受到影响而导致模特的曝光不足，从而显得人物较暗。

摄影者可以采用一些技巧来避免这种情况，比如曝光补偿，即在使用“光圈优先”等曝光模式下，使用+1.0挡的曝光补偿，这样拍出的照片就明快多了。这种曝光补偿的方法会使整个画面都变白，甚至有一些曝光过度，这样照片的调子就完全不同了，其实不用担心，因为拍摄的主体是美女，只要对美女的曝光准确就可以了。

如果在增加曝光量的情况下，照片的曝光依然不足、人物依然较暗，则摄影者可以使用闪光灯对人物进行补光。设置相机进行强制闪光，并调整闪光灯的亮度，就可以拍出满意的泳装美女照片了。

进行曝光补偿后美女的皮肤亮度正常

光圈：F5.6 快门速度：1/125s 感光度：ISO100 曝光模式：光圈优先 曝光补偿：+1.0EV

使用闪光灯对人物进行补光

光圈：F5.6 快门速度：1/125s 感光度：ISO100 曝光模式：光圈优先 曝光补偿：+1.0EV

用高速快门抓拍运动中的泳装美女

光圈：F4 快门速度：1/1000s 感光度：ISO200 曝光模式：光圈优先 曝光补偿：+0.3EV

技巧提示

晴天时户外的光线较强，尽管最新的相机大多采用高亮液晶屏，但是相机的液晶屏仍然会受到强光的影响而看起来较暗，导致无法看清照片的效果。这时可以使用一些深色的物体挡住太阳光线，或者提前购置液晶屏专用遮光罩。

泳装美女的拍摄以泳池和海边为背景自然是合情合理的，但是，如果换个角度思考，将泳装美女置于其他的背景中，譬如一只小船上，或者其他的场景中。或许可以得到更加意想不到的效果呢。即使在海边或者泳池，也可以找一些离开水的位置进行拍摄，比如在泳池拍摄，可以以休闲椅、遮阳伞等现场的物体做道具，模特做出优雅的坐姿或者卧姿都可以让画面增色不少。

以船为背景点缀拍摄泳装照片

光圈：F5.6 快门速度：1/125s 感光度：ISO100 曝光模式：光圈优先 曝光补偿：0EV

使用特殊的构图形式

光圈：F5.6 快门速度：1/125s 感光度：ISO100 曝光模式：光圈优先 曝光补偿：0EV

在海边拍摄时也同样可以远离海水，而在周边寻找一些独特的场景作为画面的背景。不管怎样，摄影者有责任拍摄出令观众眼前一亮的泳装美女照片。

人与环境完美的结合

光圈：F5.6 快门速度：1/125s 感光度：ISO100 曝光模式：光圈优先 曝光补偿：0EV

旗袍美女

旗袍美女的拍摄看起来比较简单，其实不然。由于旗袍美女是一种古代风格的服装美女照片，如果想要拍摄出它的最好效果当然要配合古代的场景和装束。所以摄影者决定了摄影作品的拍摄风格后，就需要着手选择拍摄地点，并收集有关的素材，包括拍摄需要的道具、背景、化妆、后期设计以及拍摄参考素材等。素材的选择要符合主题表达的内容和风格，这样整体的格调才会统一。

旗袍美女是一种古代风格的写真

光圈：F5.6 快门速度：1/125s 感光度：ISO100 曝光模式：光圈优先 曝光补偿：0EV

旗袍作为我们中国的一种民族特色服饰，被誉为中华服饰文化的代表，是一种有着内与外和谐统一的服装。

人物与环境和谐是旗袍美女的画面处理要点

光圈：F2.8 快门速度：1/40s 感光度：ISO100 曝光模式：光圈优先 曝光补偿：0EV

在拍摄旗袍美女时应该选择复古风格的场景

光圈：F5.6 快门速度：1/125s 感光度：ISO100 曝光模式：光圈优先 曝光补偿：0EV

拍摄旗袍美女时，地点的选择是第一个要解决的问题。拍摄古典服饰打扮的美女写真最佳地点当然是在古色古香的室内，或者在古典园林和有古典建筑的场景中。这是一种追求和谐的安排方式，此外，摄影者还可以进行一些独特的设计，例如将旗袍美女安排在欧式建筑的背景前,利用东西风格的对比使摄影作品达到一种独特的效果。总之，没有什么是一成不变的，在选择拍摄地点上，摄影者可以遵循传统，也可以进行创新，不管怎样，能够得到与众不同的风格就是不错的摄影作品。

在我国的传统文化中，女性的美是一种温柔、细腻的美，是含蓄的美，因此在用光时，应该采用柔和的光线来表现，通常应该是一种光比较小的正面光或者侧面光，这样的光线使得美女的面部起伏不大，形成缓慢的过渡和柔美的线条，这样的光线能够给人一种温柔亲切的可人感觉。

旗袍给人以几分拘束、又有几分随意的感觉，领口的紧收与敞开，都能够恰到好处地衬托出女性丰润优雅的颈部；紧身的衣身突出女性胸部、腰部和臀部的造型，展露出动人的优美曲线；下摆开衩乘风飘拂，既含蓄又极富动感，展现出女性无限温柔、浪漫的情致。女性的美和旗袍特色的表现只有在这些摄影素材的完美配合下才能够达到最佳状态。

光线应该是柔和的

光圈：F5.6 快门速度：1/125s 感光度：ISO100 曝光模式：光圈优先 曝光补偿：0EV

旗袍适合用来表现女性的端庄

光圈：F5.6 快门速度：1/125s 感光度：ISO100 曝光模式：光圈优先 曝光补偿：0EV

旗袍美女也能够表现一些轻松自然的神态

光圈：F5.6 快门速度：1/125s 感光度：ISO100 曝光模式：光圈优先 曝光补偿：0EV

以不同的视角进行拍摄，使旗袍凸显出女性的优美身段

光圈：F5.6 快门速度：1/125s 感光度：ISO100 曝光模式：光圈优先 曝光补偿：0EV

影棚美女

如今影棚已经不是专业摄影者所独有的拍摄场地，如果条件允许，普通的摄影爱好者同样可以建立自己的摄影棚。在摄影棚内进行拍摄的好处是，它使用各种现代照明工具，通过背景与道具的配合，来表现摄影者的创作意图，并完美地表现出人物美感和特征的摄影方式。

影棚美女的拍摄重点在于拍摄光源的布置，普通的人像布光方式也是不难处理的，有条件的完全可以自己慢慢摸索，形成自己的一套拍摄方式。

在影棚中拍摄可以比较自由地控制光线

光圈：F5.6 快门速度：1/125s 感光度：ISO100 曝光模式：光圈优先
曝光补偿：0EV

采用轮廓光表现独特的个性

光圈：F5.6 快门速度：1/125s 感光度：ISO100 曝光模式：光圈优先
曝光补偿：0EV

摄影初学者们大都有一个通病，就是被动地进行拍摄，即让模特摆出好的姿势才按下快门，这种初学者惯用的方式是一种比较死板的拍摄方式，非常不利于创作出好的摄影作品，其实固定的模特造型并不是适合所有的模特来摆，在拍摄时应该因人而异，让模特自由发挥，然后在模特自如的发挥中快速地抓拍，捕捉精彩的瞬间。

让模特自由地发挥，拍摄出自然的效果

光圈：F1.4 快门速度：1/500s 感光度：ISO100 曝光模式：光圈优先
曝光补偿：0EV

■ 图片提示

1. 中焦拍摄的人物不变形
2. 使用快速快门进行抓拍

不同的动作配合不同的表情

光圈：F5.6 快门速度：1/125s 感光度：ISO100 曝光模式：光圈优先
曝光补偿：0EV

在模特的姿势达到最自然状态时按下快门

光圈：F5.6 快门速度：1/125s 感光度：ISO100 曝光模式：光圈优先
曝光补偿：0EV

摄影棚拍摄人像的头等大事是灯光的布设，这也是令很多摄影者头疼的事情。其实，只要明白其中的规律，想要布设出美观并符合自己画面主题的灯光也是非常简单的事情。

影棚布光有常规的顺序。首先要确定主光的类型、亮度和位置；在主光的反向和侧向进行辅助光照明，辅助光的强度和照射的面积应该不超过主光，要柔和一点，然后在主体的后面一般要打上背景光，不要让主题和背景混在一起，背景光也不能太亮，能够区分背景和主体就可以了。

此外，如果需要，可以打上头发光和眼神光，头发光也叫轮廓光，更有利于表现细节和突出主体。眼神光在被摄者眼睛下方或者侧前方，能够使被摄者眼睛更加有神。

柔和的布光充分地展现出女性的柔美

光圈：F5.6 快门速度：1/125s 感光度：ISO100 曝光模式：光圈优先
曝光补偿：0EV

眼神光使美女更加传神

光圈：F5.6 快门速度：1/125s 感光度：ISO100 曝光模式：光圈优先
曝光补偿：0EV

灯光当然是非常重要的因素，但是，除此之外，还有一些因素也是对最终的作品质量有影响的，比如拍摄时的机位、视点。机位也就是相机拍摄时所处的位置，视点是观察模特的位置，两者等同。不同的模特都有其最佳的角度，在拍摄时我们可以进行观察，寻找最美的角度，但是在拍摄时相机的高度对于作品的影响是非常大的，通常为了达到最佳的拍摄效果，相机的正常高度应该与模特的视线平行，这样透视效果才会很自然。当相机的高度下降时，拍摄出的模特显得傲慢自大，还会使模特的鼻子缩短、颌部变宽、额头变窄，使脸趋向于方形，这样就大大地降低了模特的女性美。如果相机高于模特视线，会将模特拍摄成为垂头丧气的样子，使脸型呈倒三角形，上宽下窄。不过这种角度可以用于下巴较宽或者双下巴的模特。

拍摄时的焦点问题也是需要注意的，通常完美的摄影作品的焦点应该集中在模特的眼睛部位。眼睛是心灵的窗户，通常观众会在意眼睛是否清晰，而对其他的部位则可以放低要求。在通常情况下，如果拍摄距离在两米左右时，光圈在F5.6以下，模特的整个脸部都会非常清晰。

机位要与模特的眼睛齐平

光圈：F5.6 快门速度：1/125s 感光度：ISO100 曝光模式：光圈优先
曝光补偿：0EV

■ 图片提示

1. 使用中焦镜头，不会导致人物脸部变形
2. 使用柔和的光线表现女性的柔美
3. 使用装饰灯突出模特的首饰
4. 背景灯使背景均匀地过渡

适中的光圈大小可以让人物各部分都清晰

光圈：F5.6 快门速度：1/125s 感光度：ISO100 曝光模式：光圈优先
曝光补偿：0EV

焦点应该集中在模特的眼睛上

光圈：F5.6 快门速度：1/125s 感光度：ISO100 曝光模式：光圈优先
曝光补偿：0EV

摄影棚是一个封闭的空间，再加上拍摄时一大堆专业灯具的环绕，拍摄现场的气氛很容易变得紧张。在这样的场面中，那些受过专业训练的职业模特或专业演员依旧能够从容自如地和摄影者进行沟通，并摆出摄影者想要的姿势，但是对于普通人来说就很难做到了，因此，调节拍摄现场的气氛就成为摄影者应该具备的能力。

专业模特能够从容自如地摆出摄影师想要的姿势

光圈：F5.6 快门速度：1/125s 感光度：ISO100 曝光模式：光圈优先 曝光补偿：0EV

摄影师应该调动现场的气氛让模特尽快进入状态

光圈：F5.6 快门速度：1/125s 感光度：ISO100 曝光模式：光圈优先 曝光补偿：0EV

除了摄影者的正确引导外，在拍摄时为了让模特有更好的发挥，拍摄之前应该让模特自由地摆一些姿势，慢慢地找感觉，不要急着按快门，通常只有在模特对现场熟悉之后，并能够自如地摆出姿势时才能够拍摄出好的作品。

拍摄前让模特先自由发挥找找感觉

光圈：F5.6 快门速度：1/125s 感光度：ISO100 曝光模式：光圈优先 曝光补偿：0EV

模特能够自如地摆出姿势的时候才能够拍摄出不错的作品

光圈：F5.6 快门速度：1/125s 感光度：ISO100 曝光模式：光圈优先 曝光补偿：0EV

纯美高调美女

纯美高调美女照片的拍摄对象是青春靓丽的美女。这种风格的照片多用于商业摄影中，例如平面杂志广告，海报宣传，常用来作为年轻时尚风格的商品使用。“高调”照片指的是影调较浅的照片，在画面中基本上没有什么深色调的照片。“纯美高调美女照片”指的是拍摄时以浅调作为背景来拍摄美女，呈现出美女皮肤细腻光滑，洁白中略带粉红，头发干净清爽，发丝清晰自然，服装色彩鲜艳亮丽。这种风格的人像也是一种独立的人像风格。

纯美高调是一种青春靓丽的人像风格

光圈：F8 快门速度：1/125s 感光度：ISO100 曝光模式：光圈优先 曝光补偿：0EV

纯美高调美女照片的布光相对一般的影棚人像布光复杂得多。为了达到画面中拥有均匀、全面的用光，而用软调子来美化模特的用光效果，一般使用至少3盏摄影灯和一些反光板来满足布光要求。其中一盏加柔光箱的摄影灯作为主光置于模特的前方或者前侧方，另一盏灯置于模特的后部或者侧后部作为轮廓光，第三盏灯将背景打亮但不应该照射到模特的身上，另外用一些反光板来修饰光线的不足，最终达到完美的效果，就可以进行拍摄了。

拍摄纯美高调美女的光线一定要柔和

光圈：F8 快门速度：1/125s 感光度：ISO100 曝光模式：光圈优先 曝光补偿：0EV

以主光为主

光圈：F8 快门速度：1/125s 感光度：ISO100 曝光模式：光圈优先 曝光补偿：0EV

使用高调道具丰富画面

光圈：F8 快门速度：1/125s 感光度：ISO100 曝光模式：光圈优先 曝光补偿：0EV

纯美高调美女照片是一种用光考究，需要在用光方面精雕细琢的写真主题，因此在布光时，一些微小的修饰光是非常重要的，有时还可以起到画龙点睛的作用，比如头发光和眼神光的添加。好的头发光不仅可以使模特看起来很有精神，还可以使画面看起来更加精美。而经过推敲的眼神光更会令作品亮丽很多。不同形状的眼神光会为人物增添不同的情绪，摄影者可以尝试使用不同的灯具来添加眼神光，眼神光应该是平衡的，不能够一只眼睛用光，一只眼睛不用光。

指导模特做一些情境表演

光圈：F8 快门速度：1/125s 感光度：ISO100 曝光模式：光圈优先 曝光补偿：0EV

注意眼神光的营造

光圈：F8 快门速度：1/125s 感光度：ISO100 曝光模式：光圈优先 曝光补偿：0EV

拍摄纯美高调美女照片时，装饰光的运用是一个比较关键的点，用好装饰光照片会让人眼前一亮，还会使照片充满戏剧感，这样的照片一定会引起别人的注意，所以，装饰光的使用对于拍摄纯美高调的美女照片是非常有用的，摄影时应该掌握和运用好。装饰光通常使用面积较小而强度较大的灯光，或者使用反光器对现有的光线进行反射，并照射到画面中需要的位置，从而为画面增色。

装饰光营造背景效果

光圈：F8 快门速度：1/125s 感光度：ISO100 曝光模式：光圈优先 曝光补偿：0EV

用装饰光勾勒出模特脸部的轮廓

光圈：F8 快门速度：1/125s 感光度：ISO100 曝光模式：光圈优先 曝光补偿：0EV

装饰光通常没有固定的用法，它随着摄影者的意图，制造出不同的效果，不过为了获得较好的效果，装饰光通常冲模特的背后，或者侧后方照射。需要注意的是，避免光线射入镜头导致画面中产生眩光，从而影响画面的整体效果。

装饰光使人物与背景间的层次拉开，形成一定空间感

光圈：F8 快门速度：1/125s 感光度：ISO100 曝光模式：光圈优先 曝光补偿：0EV

用自然光也可以拍摄出不错的高调美女照片

光圈：F2.8 快门速度：1/250s 感光度：ISO100 曝光模式：光圈优先 曝光补偿：0EV

车模风采

随着人们经济能力的不断增加和消费水平的不断提高，汽车业已经成为国内一大产业，国内外知名的汽车制造商都不时地举办一些车展来吸引消费者的眼球，爱车一族可以在车展上看到最新的汽车，了解到最新的行业动态，而对于摄影爱好者，车展也是一次大好的机会，因为车展上有许多美丽动人的美女车模，可以去大练一把人像拍摄技术。

车展是摄影爱好者锻炼摄影技术的好机会

光圈：F8　快门速度：1/125s　感光度：ISO100　曝光模式：光圈优先　曝光补偿：0EV

通常车展现场的光线布置非常复杂，看起来五光十色，非常华丽，但是对于摄影来说却造成了一些麻烦，因为车展上不同颜色、不同亮度的灯光会给相机的测光、白平衡带来一些迷惑，严重的将导致测光和白平衡发生很大的错误，使作品毁于一旦，因此在拍摄前要先了解现场的光线效果、背景色调等情况，为拍摄做好准备，不至于忙中出错。此外，车展中的商家会时不时地推出一些特色的活动，这些活动场面也是拍摄的大好时机，一定不要错过，可以预先到各公司的展台提前了解。

控制好照片的曝光

光圈：F5.6　快门速度：1/125s　感光度：ISO100

曝光模式：光圈优先　曝光补偿：0EV

商家推出的活动正是拍摄的好时机

光圈：F8　快门速度：1/125s　感光度：ISO400

曝光模式：光圈优先　曝光补偿：0EV

在拍摄车模之前应该对车模进行仔细的观察，尽管车模通常都比较漂亮，但是未必她们的所有角度都是最美的，因此，应该找出她们最美的、最上镜的一面拍摄。尤其要注意模特的面部轮廓，以及肩、背、胸、腰、臀部曲线和肢体的组合是否合理、自然，在画面中能否构成好的排列。

拍摄出模特最美的一面

光圈：F5.6 快门速度：1/125s 感光度：ISO100 曝光模式：光圈优先 曝光补偿：0EV

模特舒展的形体与车的线条相呼应

光圈：F8 快门速度：1/125s 感光度：ISO100 曝光模式：光圈优先 曝光补偿：0EV

尽管车模都摆出自然的姿势和职业性的微笑，但是摄影者也可以现场指导车模摆一些其他的姿势进行拍摄，这就要摄影者上前和模特进行沟通。当模特同意并配合摄影者拍摄完照片后，摄影者应该主动感谢模特的配合，所以工作是建立在互相尊重的基础上进行的，尊重才是拍出好的作品的前提。

模特职业性的微笑

光圈：F5.6 快门速度：1/125s 感光度：ISO100 曝光模式：光圈优先 曝光补偿：0EV

指导模特摆出姿势

光圈：F5.6 快门速度：1/125s 感光度：ISO100 曝光模式：光圈优先 曝光补偿：0EV

车展现场的光线比较复杂，既有人造光源，又有车身漆面和车窗玻璃反射的光线，在这种光线较复杂的场面中拍摄应该使用点测光进行测光，测光时将相机取景器的中心对准模特的脸部进行测光，然后再根据现场的光线情况做出相应的补偿。

使用点测光进行测光

光圈：F8 快门速度：1/125s 感光度：ISO100 曝光模式：光圈优先
曝光补偿：0EV

灵活运用现场的光线和构图

光圈：F5.6 快门速度：1/125s 感光度：ISO100 曝光模式：光圈优先
曝光补偿：0EV

车展现场由于是室内环境，所以光线会有强弱之分，因此在拍摄时为了得到清晰的画面，应该根据实际拍摄时的光线强弱调整相机的感光度。如果光充足可以将相机的感光度调低一点，拍摄出的照片画面就细腻、清晰；如果拍摄时的光线较暗，可以调高感光度，这样拍摄出来的照片不会模糊。

光线不足时用高感光度拍摄

光圈：F8 快门速度：1/200s 感光度：ISO800 曝光模式：光圈优先
曝光补偿：0EV

光线充足时用低感光度拍摄，可得到细腻的画面

光圈：F5.6 快门速度：1/125s 感光度：ISO100 曝光模式：光圈优先
曝光补偿：0EV

尽管车展上的光线比较复杂，而且一些高强度的聚光灯的照射使得拍摄的难度大大增加。为了克服这样复杂的光线照射，摄影者可以使用闪光灯补光进行拍摄，不过要控制好闪光灯与现场光的光比，这样不仅能够展现出具有现场感的环境光线氛围，而且令模特的肤色更加柔和，也更加趋于真实。

现场光线非常复杂，较难掌控

光圈：F8 快门速度：1/125s 感光度：ISO100 曝光模式：光圈优先 曝光补偿：0EV

车展现场通常人多、杂乱，如果拍摄时不加选择地乱拍，必定会使照片的画面也比较杂乱，影响主体的表现。有经验的摄影者都知道，摄影是减法的艺术，为了使画面更加简洁、突出主题，在拍摄时应该尽量避开杂乱的人群，以简洁的场景作为画面的背景，或者用长焦镜头拍摄，使用大光圈，用浅景深虚化背景，拍摄出简洁的车展美女作品。

■ 图片提示

1.使用长焦镜头，压缩景深
2.使用大光圈虚化复杂的背景
3.高感光度保证画面不产生晃动
4.可以使用三脚架或者独脚架稳定拍摄

使用闪光灯补光使模特肤色更柔和

光圈：F5.6 快门速度：1/125s 感光度：ISO100 曝光模式：光圈优先 曝光补偿：0EV

虚化背景中的人群使模特更加突出

光圈：F4 快门速度：1/125s 感光度：ISO100 曝光模式：光圈优先 曝光补偿：0EV

寻找简洁的背景突出主体

光圈：F11 快门速度：1/125s 感光度：ISO100 曝光模式：光圈优先 曝光补偿：0EV

技巧提示

车展现场人很多，带有昂贵的摄影器材时一定要注意安全，避免遗失，另外也要注意避免被拥挤的人群撞掉，使用三脚架时更要注意避免被人撞到，如果发生这样的事情，就有点得不偿失了。

浴室美女

前面已经介绍过泳装美女的拍摄方法，泳装的拍摄通常会选择在泳池或者海边，而浴室美女的拍摄不同于泳装美女的拍摄。

首先浴室的空间没有泳池宽阔，光线不如泳池的明亮，色彩也不如泳池中丰富。浴室是一个较私人的场合，在拍摄浴室美女的时候如何发挥摄影者的摄影技术，并调动美女们的拍摄激情，展现其完美的一面，是对摄影者的极大挑战。

选择造型和色彩简洁的浴室来拍摄

光圈：F5.6 快门速度：1/125s 感光度：ISO100 曝光模式：光圈优先 曝光补偿：0EV

■ 图片提示

1. 使用广角表现浴室更多的场景
2. 选择性地打开浴室的灯光
3. 保持浴室的整洁

浴室拍摄通常会使用浴室内的自然灯光来拍摄，这样可以真实地还原浴室内的实际氛围，但是在一些低档的浴室内，灯光的设计简单粗糙，多种不同的人工光源照射下来非常不利于拍摄，这时摄

从不同的角度拍摄浴室美女

光圈：F5.6 快门速度：1/125s 感光度：ISO100 曝光模式：光圈优先 曝光补偿：0EV

选择性地使用灯光

光圈：F5.6 快门速度：1/125s 感光度：ISO100 曝光模式：光圈优先 曝光补偿：0EV

影者应该选择性地使用，将影响拍摄效果的灯关掉。另外，如果浴室有足够的空间，可以使用摄影灯，打出理想的光线来拍摄。

在浴室拍摄时，由于浴室的光线较暗，无法满足拍摄时所需要的亮度，因此在拍摄时难免要用闪光灯进行补光，但是通常浴室的空间都比较小，拍摄距离很近，使用闪光灯补光时，光线很容易被遮挡而产生阴影，并且闪光灯发出的强光很可能将人物照射成煞白一片。因此摄影者应该提前做好准备，准备好闪光灯专用柔光罩，如果没有也可以用其他白色的半透明的物体来代替。这样闪光灯的光线就变得柔和。不过在加装了遮光罩后，光照度会下降，应该适当地增加曝光量。如果使用相机外接闪光灯拍摄就方便一些，因为外接闪光灯通常可以旋转灯头，可以将其灯头转向屋顶或者墙面再反射至模特，这样光线就会变得柔和很多，更不会在模特身上投下重重的阴影。

使用专业的摄影灯照明拍摄

光圈：F8 快门速度：1/125s 感光度：ISO100 曝光模式：光圈优先 曝光补偿：0EV

专业闪光灯拍摄的浴室美女皮肤非常柔美

光圈：F5.6 快门速度：1/125s 感光度：ISO100 曝光模式：光圈优先 曝光补偿：0EV

使用加装柔光罩的闪光灯拍摄

光圈：F4 快门速度：1/125s 感光度：ISO100 曝光模式：光圈优先 曝光补偿：0EV

利用闪光灯反射光拍摄浴室美女

光圈：F5.6 快门速度：1/125s 感光度：ISO100 曝光模式：光圈优先 曝光补偿：0EV

由于浴室空间狭小，因此模特不易摆出幅度较大的动作来配合拍摄。这时，缺少浴室拍摄经验的模特和摄影者应该多进行沟通，协调摆出的姿势，克服因空间不足带来的拍摄困难。

小幅度的姿势适合拍摄浴室美女人像

光圈：F5.6 快门速度：1/125s 感光度：ISO100 曝光模式：光圈优先 曝光补偿：0EV

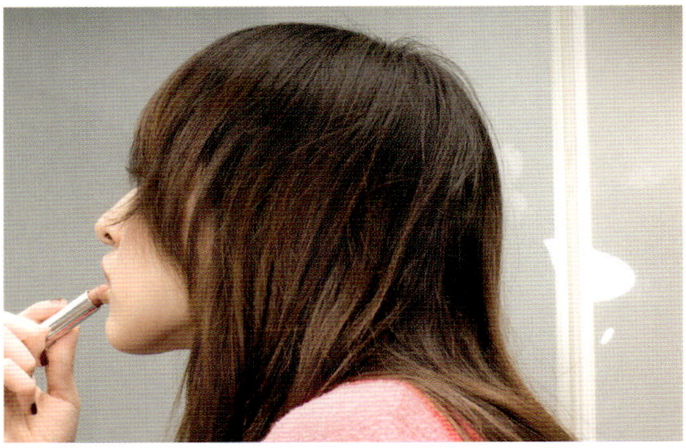

拍摄美女化妆的姿势

光圈：F5.6 快门速度：1/125s 感光度：ISO100 曝光模式：光圈优先 曝光补偿：0EV

摄影者拍摄浴室美女的主动性远没有拍摄影棚美女的那么强，因为在狭小的浴室空间内，有很多不利于拍摄的因素。比如作为画面背景的浴室的墙通常是白色等素雅的颜色，材质多为瓷砖或者大理石为主，这些材质对于光的影响非常大，它决定着画面的整个基调。因此在拍摄之前要慎重地选择和安排好浴室。

浴室美女的拍摄应该突出浴室的特色

光圈：F8 快门速度：1/125s 感光度：ISO100 曝光模式：光圈优先 曝光补偿：0EV

技巧提示

浴室的空间比较小，而且各种形状的浴具较多，拍摄时一定要注意安全，保护好模特、摄影师和器材，完全杜绝不必要的事故。

另外，浴室内的其他物件，如镜子、陶瓷浴具、金属浴具，或其他的一些物件都会对光线和画面的构成造成一些影响。摄影者在考虑避免这些影响画面的因素的同时，还需要尽可能地利用好它们，将不利转化为有利。

拍摄时摄影师让模特尽量轻松自然地表现

光圈：F5.6 快门速度：1/125s 感光度：ISO100 曝光模式：光圈优先 曝光补偿：0EV

利用浴室内的镜子构成丰富的画面

光圈：F5.6 快门速度：1/125s 感光度：ISO100 曝光模式：光圈优先 曝光补偿：0EV

由于浴室比较狭窄，可以使用广角镜头进行拍摄，广角镜头广阔的视角可以容纳更多的场景，并且广角镜头拍摄的照片有着较强的空间感，可以利用这一特点来拍摄感觉比较亲密的照片，而且大视角可以拍摄更多的范围，这样美女就可以做出更多的姿势来拍摄。广角镜头可以表现更多的主题，而使用长焦镜头则可以表现美女的特写，比如用半身像、胸像或者特写来表现模特的内心。总之，可以尝试不同焦距的镜头来拍摄不同效果的照片，这样可以得到不同感觉的画面。

使用广角镜头拍摄的浴室美女照片

光圈：F8 快门速度：1/125s 感光度：ISO100 曝光模式：光圈优先 曝光补偿：0EV

广角镜头可以拍摄更多的场景

光圈：F5.6 快门速度：1/125s 感光度：ISO100 曝光模式：光圈优先 曝光补偿：0EV

个性婚纱照

现在婚纱照几乎受到所有新人的追捧，婚纱影楼也呈现遍地开花的态势，但是在巨大的婚纱摄影市场上，婚纱照片的拍摄方式难免会出现千篇一律的现象。影楼摄影者都感叹婚纱照片的拍摄难度越来越大，因为人们都不希望自己的婚纱照与别人的如出一辙，不希望自己的婚纱照是生产流水线上的一个产品，而希望自己的婚纱照是充满个性的。

个性婚纱照的关键在于创意

光圈：F5.6 快门速度：1/125s 感光度：ISO100 曝光模式：光圈优先 曝光补偿：0EV

怀旧主题风格的个性婚纱照

光圈：F5.6 快门速度：1/125s 感光度：ISO100 曝光模式：光圈优先 曝光补偿：0EV

其实个性婚纱照片的关键在创意，说专业一点就是摄影的风格。只要这一风格能够凸显它独特的一面，那么它就是一套不错的个性婚纱照。

个性婚纱照是一种一对一的、独一无二风格的婚纱照，在人们消费水平不断提高的今天，它受到越来越多年轻人的追捧。个性婚纱照的拍摄难点在于怎么样拍摄出不一样的画面，丰富多彩的照片组合才能够不断地给人以视觉上的冲击力。这就需要摄影者在拍摄之前对被摄人物有一定的了解，并根据其特点设计出一套个性的婚纱照方案来。

拍摄个性婚纱照片时，一些摄影者由于非常注重个性的突出，从而忽视了个性婚纱照仍然是一种双人合影照片，往往会忽略双人照这个部分。也就是说一张构图均衡、画面完美的双人照片是婚纱摄影中必不可少的一部分，摄影者应该认真地对待它。那么在拍摄时，摄影者可以使用传统婚纱的拍摄方法进行拍摄，包括布光、摆姿等方面。但是由于个性婚纱照注重“个性”二字，所以可以在传统拍摄方式的基础上适当地对画面进行更轻松、更自然的处理，以避免传统婚纱拍摄中的死板和僵硬。

其他主题风格的个性婚纱照

光圈：F5.6 快门速度：1/250s 感光度：ISO100 曝光模式：光圈优先 曝光补偿：0EV

个性婚纱照的摆姿自由而不失章法

光圈：F11 快门速度：1/125s 感光度：ISO100 曝光模式：光圈优先 曝光补偿：0EV

个性婚纱照大胆的构图形式

光圈：F5.6 快门速度：1/125s 感光度：ISO100 曝光模式：光圈优先 曝光补偿：0EV

富有意境的构图形式

光圈：F8 快门速度：1/125s 感光度：ISO100 曝光模式：光圈优先 曝光补偿：0EV

个性婚纱照的拍摄活泼、自然

光圈：F11 快门速度：1/125s 感光度：ISO100 曝光模式：光圈优先 曝光补偿：0EV

个性婚纱照片的特色贵在与众不同。拍摄时要勇于打破常规。摄影师可以从生活出发，发掘生活中美好的画面；还可以找一些小的道具来进行创意的设计，或者干脆将小道具作为画面的主体，而将人物作为画面的背景，这样的画面想没有个性都难。

富有生活意味的个性婚纱摄影

光圈：F5.6 快门速度：1/125s 感光度：ISO100 曝光模式：光圈优先 曝光补偿：0EV

在个性婚纱摄影中为了使画面更富韵味，摄影者应该在画面的构成中采用一些技巧。在以往的婚纱摄影中，构图往往比较简单，在画面中只有单一的主体加背景，这样的画面已经不能够再提起观众的兴趣。因此摄影者可以尝试将主体人物放在画面的一边，并将其缩小，那么这样的画面又显得单调，没有画面主次。针对这样的画面，可以在主体人物之外的画面空间内添加一些元素，使画面丰富，更重要的是起到突出主体的作用并能够与主体人物产生某种呼应。

简单的构图元素为画面增色不少

光圈：F5.6 快门速度：1/125s 感光度：ISO100 曝光模式：光圈优先 曝光补偿：0EV

主体靠右的构图形式使画面显得稳定

光圈：F8 快门速度：1/125s 感光度：ISO100 曝光模式：光圈优先 曝光补偿：0EV

技巧提示

每个人都希望自己的婚纱照是最独特且完美无缺的，这样在多年后会留下最美好的甜蜜回忆。个性婚纱照之所以受欢迎，在于摄影者能够为拍摄对象提供多种拍摄方案，能让拍摄对象自己选出最好的创意来，因此在拍摄时一定要多花功夫在创意上。

个性婚纱照的特色在于“个性”，而“个性”的彰显是离不开生活的，摄影者要想拍出更加生活化的个性婚纱照片就应该多观察生活，将生活中的场景带进个性婚纱的拍摄中去，这样才能拍出好的个性婚纱作品。

在个性婚纱照片中表达爱意

光圈：F5.6 快门速度：1/125s 感光度：ISO100 曝光模式：光圈优先 曝光补偿：0EV

俏皮的动作体现出年轻恋人的活力

光圈：F8 快门速度：1/125s 感光度：ISO100 曝光模式：光圈优先 曝光补偿：0EV

看电影是我们大多数人的爱好，我们都被电影中的情节和故事所吸引。那么在个性婚纱照的拍摄中如果加一些情节进去，婚纱照片将会更加有吸引力。一张富有情节的照片是摄影者观察生活的结果，一个生活经验丰富的个性婚纱照摄影者则有能力拍摄出一套贴近被摄者生活的个性婚纱照。

新人的背影为照片增添很强的戏剧性

光圈：F8 快门速度：1/125s 感光度：ISO100 曝光模式：光圈优先 曝光补偿：0EV

女主角非常投入地表演

光圈：F5.6 快门速度：1/125s 感光度：ISO100 曝光模式：光圈优先 曝光补偿：0EV

漂亮的宝宝照

宝宝摄影作为人像摄影的一个门类，由于拍摄对象是处于懵懂时期的宝宝，与通常的人像摄影有很多的不同。毋庸置疑，宝宝摄影不是一件轻松的事情，需要面对宝宝各种各样的古怪念头，摄影者需要非常善于调动宝宝的情绪，所以摄影者要同时兼任父母、心理学家和摄影者等多种角色。

宝宝摄影相对于儿童摄影更有一些难度，因为如果你想让一个一两岁的宝宝按照你的意愿摆出姿势那就需要使出浑身解数了。

因此，在宝宝摄影中最让人激动的是，这些孩子还没有学会自我保护，没有自我意识，所以每一分钟的思想和感情都会毫不掩饰地流露在脸上，这让照片显得极其生动。

捕捉宝宝流露出来的每一种表情

光圈：F5.6 快门速度：1/125s 感光度：ISO100 曝光模式：光圈优先 曝光补偿：0EV

还记得孩提时的自己是多么喜欢装扮吗？装扮是游戏中必不可少的一部分，无论是扮演古代的侠客、神话传说中的角色还是现代的警察，装扮令孩子们乐此不疲。摄影者可以利用孩子的这一心理，为他们打扮一番，这样拍摄出来的照片一定会获得不错的效果。

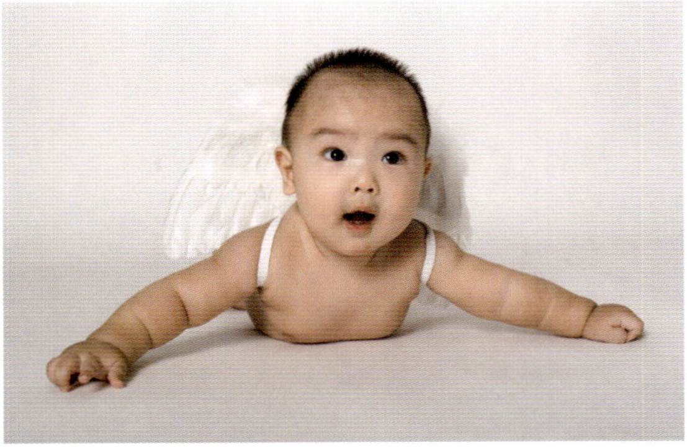

装扮是孩提时最大的爱好

光圈：F11 快门速度：1/125s 感光度：ISO100 曝光模式：光圈优先 曝光补偿：0EV

为宝宝打扮一番是非常必要的事情

光圈：F11 快门速度：1/125s 感光度：ISO100 曝光模式：光圈优先 曝光补偿：0EV

在影棚拍摄宝宝照片是一个不错的办法，因为一来宝宝还太小，不适合长时间在室外；二来影棚内的灯光让摄影者可以在任何的天气条件下进行拍摄，而且还可以得到想要的任何效果，因为摄影棚内可以任意摆布灯光，这对于宝宝摄影有着其他地点不可比拟的优势。

宝宝照片非常适合在影棚内拍摄

光圈：F11 快门速度：1/125s 感光度：ISO100 曝光模式：光圈优先 曝光补偿：0EV

影棚内可以随意控制的灯光对拍摄宝宝有着很大的优势

光圈：F11 快门速度：1/125s 感光度：ISO100 曝光模式：光圈优先 曝光补偿：0EV

■ 图片提示

1.使用广角，使相机尽可能靠近被拍摄体

2.使用慢速快门进行拍摄

拍摄宝宝照片时可以针对其不同的年龄阶段来分析宝宝的特点，比如拍摄新生儿可以拍摄宝宝在妈妈怀中喂奶的情形；拍摄稍大一点的宝宝可以拍摄他的表情或者爬行的姿势；再大一点的宝宝就开始蹒跚学步了，这时的宝宝成长很快，变化很多，同时情绪的变化也很快，拍摄时可以让他的父母在一旁辅助孩子，以保护他的安全。

宝宝的表情充满趣味

光圈：F11 快门速度：1/125s 感光度：ISO100 曝光模式：光圈优先 曝光补偿：0EV

宝宝爬行时的样子

光圈：F11 快门速度：1/125s 感光度：ISO100 曝光模式：光圈优先 曝光补偿：0EV

技巧提示

每个家长都希望自己的宝宝拍出最活泼可爱的照片来，因此在拍摄不同年龄的宝宝时要找到最能表现这一阶段宝宝的特色，如一岁以内的宝宝适合拍摄室内照，他们的表情与动作较单一，但常常露出可爱的笑容。而一岁以上的宝宝，行动更加自如，他们更适合拍摄动态的照片，表现活泼俏皮的特点。

在拍摄宝宝照片时，由于宝宝体型较小，摄影者容易陷入一个误区，就是会固定一个距离来拍摄，因此拍摄出的照片通常都以半身、大半身、全身像为主，看起来比较单调。为了得到丰富的画面，摄影者可以尝试不同的距离或者换用不同焦距的镜头来拍摄，这样拍摄出来的照片从特写到全景都有，就显得丰富多了。

使用广角镜头拍摄宝宝玩耍的照片

光圈：F5.6 快门速度：1/250s 感光度：ISO100 曝光模式：光圈优先 曝光补偿：0EV

长焦镜头拍摄宝宝的特写照片

光圈：F2.8 快门速度：1/1000s 感光度：ISO100 曝光模式：光圈优先 曝光补偿：0EV

玩耍中的孩子是最自然也最自我的，由于玩得投入，他们会忘记身边的一切，因此在这个时候进行抓拍是再好不过的了。但摄影者最好使用广角镜头进行拍摄，否则宝宝有可能跑到画面外去，如果相机中有动态对焦模式，应该选择这一对焦模式来拍摄，才能够得到清晰的宝宝照片。

调动宝宝的情绪

光圈：F4 快门速度：1/500s 感光度：ISO100 曝光模式：光圈优先 曝光补偿：0EV

在玩耍中抓拍

光圈：F8 快门速度：1/250s 感光度：ISO100 曝光模式：光圈优先 曝光补偿：0EV

能否拍摄出宝宝的天真可爱的特性是拍摄宝宝照片成功与否的关键。宝宝都是非常聪明的，他们接受新事物的能力非常强，一般一岁左右的宝宝就会对着镜头微笑了，尽管不一定是摄影者想要的笑容，但是也没关系，因为真实的自然的表情和动作才是最完美的。拍摄时可以采取抓拍的方式进行，即让宝宝的父母和宝宝玩耍，摄影者在一旁抓拍，这样同样能够拍出完美的照片。

抓拍宝宝真实自然的表情

光圈：F5.6 快门速度：1/250s 感光度：ISO100 曝光模式：光圈优先 曝光补偿：0EV

拍摄时最好有旁人来调动宝宝的情绪

光圈：F11 快门速度：1/200s 感光度：ISO100 曝光模式：光圈优先 曝光补偿：0EV

拍摄宝宝生活中的不同侧面也是一个不错的主意，比如吃饭时的样子、睡觉时的样子、玩耍时的样子等等。这种照片更像是在为宝宝拍摄一系列的生活日记照片。而且宝宝在一些节庆活动时或者经历一些人生历程时，作为家长有责任为他们记录下这些有意思的瞬间，等他们长大后作为一个礼物送给他们。

记录宝宝玩耍时的样子

光圈：F5.6 快门速度：1/250s 感光度：ISO100 曝光模式：光圈优先 曝光补偿：0EV

外出游玩时更应当一一记录

光圈：F8 快门速度：1/250s 感光度：ISO100 曝光模式：光圈优先 曝光补偿：0EV

家庭室内聚会照

家庭是我们停靠的港湾，举办家庭聚会是家庭中的一个重要时刻，聚会上充满了欢声笑语，用相机记录下聚会上的 一个个笑脸和一个个美好的时刻是必不可少的事情。

聚会也是生活中的一部分，是一个比较热闹的场面，在拍摄时应该用相机记录下聚会的方方面面，如实地还原聚会上的现场氛围。

真实自然是家庭照片的最大特点

光圈：F5.6 快门速度：1/125s 感光度：ISO100 曝光模式：光圈优先 曝光补偿：0EV

家庭聚会的主要对象是参加聚会的各个家庭成员的动作和表情，以及聚会中的精彩的瞬间。

在一个家庭聚会中，有儿童，有青少年，有中年人，有老年人，这就增加了拍摄的难度，摄影者在拍摄时应该针对不同年龄段的家庭成员来确定不同的拍摄方法。需要注意的是，尽管他们是不同年龄段的人，可是不能忘记他们是一家人，拍摄时更应该突出他们之间的亲密关系，比如捕捉老人对小孩疼爱的一些镜头，或者晚辈对长辈体贴关怀的瞬间等等。

大人疼爱小孩的镜头

光圈：F4 快门速度：1/250s 感光度：ISO100 曝光模式：光圈优先 曝光补偿：0EV

小孩对老人的敬重

光圈：F4 快门速度：1/250s 感光度：ISO100 曝光模式：光圈优先 曝光补偿：0EV

不管什么情况下，拍摄儿童照片都是令摄影者头疼的事情，因为儿童不像成年人一样可以按照摄影者的指导来摆出拍摄的姿势，所以拍摄儿童最好的方法就是抓拍。在孩子们玩得忘了一切的时候，或者认真地专注于一件事情的时候，抓拍他们的各种表情，可以是开怀一笑的瞬间，也可以是发脾气时撅起小嘴的一刻，这样的照片一定会留下美好而难忘的回忆。尽量不要对小孩进行摆拍，尤其拍摄一些个性较强的小朋友时，他们有时候会非常不配合你，所以应该让他们在自然的状态下表现出最真最美的一面。

孩子们轻松愉快的时刻

光圈：F4 快门速度：1/250s 感光度：ISO100 曝光模式：光圈优先 曝光补偿：0EV

通常在拍摄老人照片时，摄影者一定会非常注重老人的仪态和气质的表现，不过在聚会上拍摄老人照片可以放松、自然一些，这样会使老人显得更加年轻。另外，由于老人的体力和精力都远不如年轻人，所以为老年人拍照时要照顾老年人的情绪，在拍摄时不要过多地摆造型，尽量使用抓拍的方法，才能够保证拍出的照片自然生动。

和谐的现场氛围

光圈：F4 快门速度：1/125s 感光度：ISO200 曝光模式：光圈优先 曝光补偿：0EV

拍摄家庭聚会时还应该注重还原现场真实的氛围，表现在照片的画面中即画面的影调。照片的影调指的是从纯黑到纯白所包容的明度变化，它不仅影响画面黑白的反差，也影响不同的氛围。在拍摄聚会时，画面的影调可以是明亮的高调照片，也可以是温馨的中、低调照片，不同的影调可以表现不同的现场氛围，摄影者应该给照片的主体赋予适合的影调。

为了增加照片的生动性，摄影者可以抓拍一些聚会现场的静物或者场景，或者将静物、场景作为画面的主体，而将人物作为画面的陪体。

拍摄聚会照片时，合影照片是一个必不可少的部分，由于聚会是一个欢快、轻松的活动，因此拍摄合影照片时应该不拘于严肃的人物合影方式，而采用轻松的方式来拍摄。

轻松自然的合影

光圈：F5.6 快门速度：1/125s 感光度：ISO100 曝光模式：光圈优先 曝光补偿：0EV

家庭是一个充满温馨的场所，家庭生活的照片是初级摄影爱好者最常拍摄的题材，也是大多数人都喜欢拍摄的题材。因为我们生活中值得记忆的事情太多，聚会、节日、生日、婚礼甚至生活中的任何一个小小的细节都能够成为我们拍摄的主题。

拍摄家庭照片最大的要求是真实自然，不需要像拍摄写真一样化妆、设计场景，只需要按照日常生活中的样子来拍摄或者直接抓拍生活中的点滴。

家庭合影应该有轻松和谐的画面感觉

光圈：F5.6 快门速度：1/250s 感光度：ISO100 曝光模式：光圈优先 曝光补偿：0EV

家庭照片多在室内拍摄，由于色温的原因，拍摄时要注意白平衡的调整，不过有的时候为了体现现场的氛围，特意不调整白平衡。比如室内采用白炽灯或者烛光照明时，色温偏低，照片色彩会偏向橙色，这种暖色调反而更加地适合表现家庭的温暖和谐的氛围，就不需要去校正了。

温暖的色调表现温馨的场景

光圈：F2.8 快门速度：1/250s 感光度：ISO100 曝光模式：光圈优先 曝光补偿：0EV

橙色色调使画面充满了欢乐

光圈：F4 快门速度：1/250s 感光度：ISO100 曝光模式：光圈优先 曝光补偿：0EV

在拍摄时应该选择相对较高的快门速度（通常不低于1/60s),但在光线比较暗时，这么快的快门速度已经无法使照片曝光正确，因此可以设置高感光度来拍摄，不过这一手法应该在画质可以接受的范围内来实行。

家庭合影是家庭照片中比较重要的一种，拍摄家庭合影时，应该注意选择一些轻松、互动的场面，人物表情自然、动作舒展，有可能成为拍摄画面中独特的亮点。随意的家庭合影中的人物位置安排没有固定的原则，不必按照辈分来排位，可以随意地站、坐或卧，营造一个轻松和谐的现场感觉。

高感光度拍摄的家庭照片

光圈：F5.6
快门速度：1/250s
感光度：ISO400
曝光模式：光圈优先
曝光补偿：0EV

技巧提示

拍摄家庭合影时，注意人物不要太集中，也不要太分散，若在画面中适度地排开就不至于太空或太饱满。另外，人物之间要有相互联系，即互动，比如说相互之间可以轻松地聊天等。

家庭假日出游照

我们被日常生活和工作压力所迫，特别渴望节假日的休闲时光，很多人会选择外出游玩来放松身心，为自己解压，也有人会找三五知己聚在一起聊聊天，将工作压力抛到九霄云外。在人们感受这样的闲暇时刻时拍摄一些照片是很不错的主意。

假日生活照片保存了一份珍贵的记忆

光圈：F5.6 快门速度：1/250s 感光度：ISO100 曝光模式：光圈优先 曝光补偿：0EV

假日照片的拍摄从本质上说属于生活照片，特点在于它是节假日拍摄的一些生活和游玩的照片。因此应该采取一种随意的拍摄方式。拍摄时最好采用抓拍的方式，并且尽量地使构图随意一些，避免中规中矩，还可以抓拍一些比较有趣的瞬间。

构图可以随意一些

光圈：F5.6 快门速度：1/250s 感光度：ISO100 曝光模式：光圈优先 曝光补偿：0EV

抓拍有趣的瞬间

光圈：F2.8 快门速度：1/500s 感光度：ISO100 曝光模式：光圈优先 曝光补偿：0EV

拍摄妙趣横生的合影照片

光圈：F5.6 快门速度：1/250s 感光度：ISO100 曝光模式：光圈优先
曝光补偿：0EV

节假日，往往朋友们一同外出游玩或者聚会，那么假日生活照片中的合影照片就成为比较重要的一个环节了。假日合影照片总能够唤起人们快乐的回忆。假日生活合影照片与以往的严肃合影截然不同，摄影者要做的是尽可能地抓拍那种欢快的气氛，不妨让大家在镜头前面尽情地狂欢，然后快速地按下快门，而且应该多拍一些以便从中做出选择。

快速抓拍玩耍的场景

光圈：F4 快门速度：1/500s 感光度：ISO100 曝光模式：光圈优先
曝光补偿：0EV

给严肃的家庭合影换个场所

光圈：F8 快门速度：1/125s 感光度：ISO100 曝光模式：光圈优先 曝光补偿：0EV

第3章

包罗万象！体验风光之魅力

大自然既丰富多彩，又杂乱无章，如果不加选择地拍摄，其结果是画面缺乏内容，无主题可言。风光照片的主题选择在风光的拍摄中占有举足轻重的地位，它决定了你所拍摄的题材与内容，这些是拍摄风光照的首要前提。

春天里的花卉

春天，万物苏醒，红花绿叶满山遍野，是拍摄花卉的最佳时机。花卉是很多摄影爱好者喜欢拍摄的题材，因为花朵鲜艳的色彩不仅给人以美的享受，而且影友们在拍摄花朵的过程中也提高了自己的摄影技艺。

拍摄花卉时可以单一地拍摄花朵，即常见的微距花朵照片，这样的照片应该选择简洁的背景来拍摄。如果拍摄大景别的照片，可以在画面中加入蓝天白云和其他的远景作为背景。

微距拍摄的花朵

光圈：F2.8 快门速度：1/125s 感光度：ISO100 曝光模式：光圈优先 曝光补偿：0EV

盛开的花朵使春意更浓

光圈：F8 快门速度：1/125s 感光度：ISO100 曝光模式：光圈优先 曝光补偿：0EV

花卉的拍摄角度非常多，不同的高度、不同的侧面、不同的距离拍摄出来的花卉照片的效果都不同。在拍摄时应该根据花的种类、形状、高度、大小以及现场的光线来确定。如果对象是花瓣竖立的花卉，通常采用平时的角度来拍摄；如果对象是花瓣呈水平方向的花卉，通常使用俯视的角度来拍摄。

俯拍更能表现花朵的造型特点

光圈：F2.8 快门速度：1/100s 感光度：ISO100 曝光模式：光圈优先 曝光补偿：0EV

技巧提示

拍摄单个花朵照片应该使用微距镜头或者大光圈长焦镜头来拍摄。拍摄时配合相机的景深预视功能调整光圈大小，使花瓣基本都清晰，而背景适度虚化。这样的照片画面简洁，主体突出。

使用微距镜头拍摄花卉的局部细节也是摄影者非常热衷的。花卉经过微距镜头的放大，得到平日里见不到的微观世界，这样的照片总能让人眼前一亮。

小型数码相机一般都有微距拍摄模式，但是效果往往不尽如人意。如果使用单反相机，有条件再购置一款微距镜头就更好了。

微距照片的景深非常浅，拍摄时应该仔细地观察将清晰展示的部分置于适当的景深范围内。

微距照片还要特别注意风的影响，最好在无风的天气里拍摄，否则照片将很难得到清晰的主体。

较小的景深使画面更加简洁干净、主体突出

光圈：F5.6 快门速度：1/500s 感光度：ISO100 曝光模式：光圈优先 曝光补偿：0EV

微距摄影使花朵的形态特征完整展现

光圈：F2.8 快门速度：1/320s 感光度：ISO100 曝光模式：光圈优先 曝光补偿：0EV

■ 图片提示

1.使用广角，使相机尽可能靠近被拍摄体

2.使用慢速快门进行拍摄

花是美的象征。摄影者应该善于发现花朵中微观的美。例如线条的美。花朵通常富有流畅的线条美，或者有一些规律性强的图案，摄影者应该在拍摄时不断地培养自己的画面构成意识，这一点在摄影中是非常重要的。

花瓣具有优美的线条

光圈：F5.6 快门速度：1/125s 感光度：ISO100 曝光模式：光圈优先 曝光补偿：0EV

优美的形状与图案

光圈：F5.6 快门速度：1/125s 感光度：ISO100 曝光模式：光圈优先 曝光补偿：0EV

在户外拍摄以天空为背景的花卉照片时，尤其是当天气晴朗、日照强度较大，很容易导致花朵曝光不足，天空曝光过度，这是天空与地面的亮度相差太大造成的，因此摄影者可以使用中灰渐变镜来修饰画面。中灰渐变镜可以降低天空的亮度，从而使天空和地面的亮度得到均衡，这样就不会导致天空曝光过度而花朵曝光不足的情况了。

利用中灰滤镜，使天空色彩得到较好还原，花朵色彩更加艳丽

光圈：F16 快门速度：1/125s 感光度：ISO100 曝光模式：光圈优先 曝光补偿：-0.7EV

簇花、群花的拍摄也是对摄影者用光技巧的一大考验。通常过硬或者过柔的光线都不能够很好地表现簇花、群花的特色，适度柔和的光线可以展现群花的唯美影调。柔和的光线、饱和的色彩、饱满的构图成就了簇花、群花的完美的摄影作品。

合适的光线能够突出表现花朵的美丽

光圈：F2.8 快门速度：1/250s 感光度：ISO100 曝光模式：光圈优先 曝光补偿：0EV

光线与花朵形成的唯美影调

光圈：F5.6 快门速度：1/160s 感光度：ISO100 曝光模式：光圈优先 曝光补偿：0EV

技巧提示

冬天日出较晚，黎明时分的天空色彩最绚丽，是最好的拍摄时机。尽量将双肘支撑在固定的物体上，或者身体依靠在牢固地方，这样更能增加相机的稳定性。这种摄影必须使用闪光灯，你应该了解手中相机的最高同步速度。

夏日自然风情

夏季是各种植物生机勃发的季节，各种花朵也争奇斗艳、竞相开放。冰河融化，雨水增多，可以说天蓝了，水清了，山绿了，天气也炎热起来了，可以拍摄的题材也随之增多，花朵、绿树、农作物、湖泊、溪水，瀑布等等皆可成为我们拍摄的题材。

花卉拍摄在前文中已经介绍过，树林拍摄在后文中会讲到，所以我们本节给大家介绍其他几种夏季富有代表性的景物的拍摄。农作物是夏季中很具代表性的景物，大片麦田为摄影者提供了一个拍摄佳作的好时机。麦田周围一片绿色，而麦田则是一番黄灿灿的景象，二者构成一幅美丽的画卷。不同的角度拍摄会有不同的感觉，如果近距离拍摄，将会看到麦子细长的麦穗非常美。拍摄大片麦田宜用侧光拍摄。

美丽的夏季麦田风光

光圈：F16 快门速度：1/250s 感光度：ISO100 曝光模式：光圈优先 曝光补偿：-0.7EV

一块块的麦田预示着丰收的来临

光圈：F8 快门速度：1/125s 感光度：ISO100 曝光模式：光圈优先 曝光补偿：0EV

轻盈的麦穗随风摇摆

光圈：F8 快门速度：1/125s 感光度：ISO100 曝光模式：光圈优先 曝光补偿：0EV

夏季的蓝天白云、远山近树都倒映在亮丽的水光中，如果这时湖面平静如镜，则会出现一片亮丽的倒影；如果微风轻起，湖面微波粼粼，更给人一丝生动的气息。摄影者如果想捕捉夏季湖泊的美景，应该在风和日丽的日子带上器材出去。在拍摄时，除了平时所需的摄影技巧外，还应该学会使用偏振镜来消除湖面杂乱的反光。此外，为了增加湖面倒影的清晰度，应该使用低感光度进行拍摄，同时应该使用三脚架。

平静如镜的湖泊

光圈：F5.6 快门速度：1/125s 感光度：ISO100 曝光模式：光圈优先 曝光补偿：0EV

波光粼粼的湖面

光圈：F5.6 快门速度：1/125s 感光度：ISO100 曝光模式：光圈优先 曝光补偿：0EV

夏季是雨水最丰富的时候，因此是拍摄溪水的最佳季节。溪水的拍摄与湖泊的拍摄有着很大的不同，湖泊是呈静态的水，拍摄时一般很少表现其流动感。溪水是流动的水，在拍摄时，摄影者可以采取不同的拍摄手法来表现。例如使用不同的快门速度进行拍摄，快速的快门可以凝固溪水在流动时的状态，慢速的快门则可以表现出如丝绸般的溪水。

快速快门凝固海浪溅起的水花

光圈：F4 快门速度：1/250s 感光度：ISO100 曝光模式：光圈优先 曝光补偿：0EV

慢速快门拍摄出如丝绸般的溪水

光圈：F32 快门速度：1/4s 感光度：ISO100 曝光模式：光圈优先 曝光补偿：0EV

瀑布的拍摄与溪流的拍摄方式相近，只不过瀑布的水流比溪流更加汹涌一些，瀑布通常通过高耸狭窄的峡道岩壁，在空中形成气势滂沱的巨大水墙。摄影者要想表现瀑布的这种气势需要一些摄影技巧，通常使用快速快门来凝固瀑布下降的水流，可以体现瀑布的气势。反之，如果使用慢速快门则可以拍摄出瀑布如丝绸般的效果，如果在拍摄时光圈调至最小仍无法得到需要的慢速度快门，那么建议使用灰密度镜片来降低光线强度。

倾泻而下的瀑布

光圈：F5.6 快门速度：1/125s 感光度：ISO100 曝光模式：光圈优先
曝光补偿：0EV

柔和如丝的瀑布

光圈：F5.6 快门速度：1/125s 感光度：ISO100 曝光模式：光圈优先
曝光补偿：0EV

此外，摄影者还可以利用瀑布周边的绿色风光来丰富画面，相信一定会拍出一张不错的夏季瀑布风光照片。

巧妙地安排周边的风景来衬托瀑布

光圈：F11 快门速度：1/60s 感光度：ISO100 曝光模式：光圈优先
曝光补偿：0EV

夏季的山景也是不容错过的一个拍摄题材。夏季，山上的树木变绿，到处是郁郁葱葱的绿色，山体也从灰色变成了绿色，这样的绿色山脉加上蓝天白云，可以成就一张不错的风光摄影作品。拍摄夏季绿色山景，一般以侧光照射为佳，侧光下，山上树木的绿色会显得很鲜亮，极大地体现出夏季树木的旺盛生命力。但在多云或者其他天气里拍摄山景也不见得拍不出好的作品，比如多云天气里拍摄的山景显得比较柔和，如果在有雾时拍摄则会拍摄出带有梦幻感觉的山景照片。

夏季山景

光圈：F11 快门速度：1/125s 感光度：ISO100 曝光模式：光圈优先 曝光补偿：0EV

柔和光线下的山景

光圈：F8 快门速度：1/125s 感光度：ISO100 曝光模式：光圈优先 曝光补偿：0EV

山水风光是夏季拍摄的最佳题材，在一幅好的山水风光照片中，那一山一水、一草一木无不呈现出生命的活力。尤其是山景倒映在平静的湖面上，颇能给人一种心旷神怡的感觉，摄影者事先应该对不同时间段的山景做到心中有数，这样可以花最少的时间和精力拍摄到最美的画面。

美丽的山水风光

光圈：F11 快门速度：1/125s 感光度：ISO100 曝光模式：光圈优先 曝光补偿：0EV

技巧提示

拍摄自然山景时应该注意保持其大自然的原状，并且尽量不要在画面中出现人工护栏等杂物，这样会破坏画面感觉。

山谷里的小溪

看惯了大江大河的人们也许觉得溪流看起来很不起眼，其实有很多在下游区域显得很宽阔的河流，当人们踏入它的源头时会发现它只是一条小河或者小溪而已，这些不起眼的小溪汇集起来就成了我们所见的大江大河。

从上游山谷中涌出的水开始流动，顺谷而下的河流就叫做“溪流”。溪流曲曲折折的造型呈现在摄影的画面中是很有意思的。

美丽的溪流

光圈：F11 快门速度：1/125s 感光度：ISO100 曝光模式：光圈优先 曝光补偿：0EV

在拍摄溪流时，溪流的各种形状增加了构图的难度。如拍摄长条状的溪流，如果没有安排好构图则很容易在画面中形成比较突兀的感觉。这时摄影者可以根据现场的情况借用别的景物来衬托溪流。拍摄弯曲的溪流，尽量选择其富有美感的局部进行拍摄，可以获得不错的效果。

利用溪流边缘的岩石装点画面

光圈：F8 快门速度：1/250s 感光度：ISO100 曝光模式：光圈优先 曝光补偿：0EV

弯曲的溪流要选其富有美感的部分拍摄

光圈：F8 快门速度：1/250s 感光度：ISO100 曝光模式：光圈优先 曝光补偿：0EV

溪流是一种流动的水，拍摄流动的水建议使用"快门优先"模式来拍摄。这样可以非常方便地调整不同的快门速度来拍摄溪流。不同的快门速度拍摄出来的溪流给人的感觉截然不同。快速快门可以凝固流动中的溪水，使溪水看起来富有动感，如果快门速度足够快还可以凝固晶莹剔透的水流，这是平常见不到的溪流效果；如果使用慢速快门拍摄，可以将溪流拍摄出非常强的动态效果，快门如果足够慢，就可以将溪流拍摄出丝绸般柔和的效果。

快速快门拍摄的溪流照片

光圈：F4 快门速度：1/320s 感光度：ISO100 曝光模式：光圈优先
曝光补偿：0EV

慢速快门拍摄的溪流非常柔和

光圈：F32 快门速度：1/8s 感光度：ISO100 曝光模式：光圈优先
曝光补偿：0EV

溪流的周边往往有很多绿色植物，巧妙地运用这些景物，与溪流相互配合，是拍摄溪流时常用的手法，重要的是安排好它们在画面中的位置。

巧妙地安排周边的风景来衬托溪流

光圈：F11 快门速度：1/125s 感光度：ISO100 曝光模式：光圈优先
曝光补偿：0EV

落日的色彩

落日是摄影的热门题材，富有戏剧性的场景极大地勾起了人们的创作欲望。在好天气里拿起相机去拍日落吧，你一定会有不小的收获。

拍摄日落时，摄影者应该提前到达目的地，在对拍摄地点进行考察后，选择好拍摄的角度，然后支起三脚架开始拍摄。拍摄日落时通常不会只拍一张，而是拍摄日落的全过程。

由于落日的位置会变，拍摄日落的全过程最好使用不同的构图。在落日的不同阶段，太阳的位置不断地下降，为了得到好的构图，摄影者最好在拍摄时根据实际的情况不断地调整相机的位置，反复地进行重新构图，以确保每一张照片都有不错的构图。

拍摄得越多，后期选择范围就越大，在拍摄了很多不同构图形式的照片后，摄影者可以将它们进行对比，然后择优。

拍摄时机过早，太阳曝光过度，一片泛白

光圈：F11 快门速度：1/500s 感光度：ISO100 曝光模式：光圈优先 曝光补偿：0EV

拍摄时机过晚，太阳落下

光圈：F11 快门速度：1/30s 感光度：ISO100 曝光模式：光圈优先 曝光补偿：0EV

拍摄时机较好，画面感觉非常和谐

光圈：F11 快门速度：1/125s 感光度：ISO100 曝光模式：光圈优先 曝光补偿：0EV

在拍摄日落时，太阳的位置较高时，光线较亮；随着太阳缓缓落下，光线会越来越暗。因此拍摄时要记得根据光线的变化对曝光组合进行不断的调整，如果使用相同的光圈，曝光时间就会逐渐地延长以保证曝光准确。

太阳即将落下时

光圈：F5.6 快门速度：1/30s 感光度：ISO100 曝光模式：光圈优先 曝光补偿：0EV

太阳位置较高时

光圈：F8 快门速度：1/125s 感光度：ISO100 曝光模式：光圈优先 曝光补偿：0EV

落日的曝光与其他风光照片有所不同。落日曝光往往为了渲染日落时分的独特效果，画面通常都比较昏暗，那么一幅好的日落照片的曝光应该以良好表现落日的形状和天空的影调为最佳，这样地面上的景物通常是剪影的效果。

为了得到天空的最佳效果，地面上的景物往往成为剪影

光圈：F11 快门速度：1/125s 感光度：ISO100 曝光模式：光圈优先 曝光补偿：-0.7EV

技巧提示

日落的时间非常短暂，在拍摄时为了节省时间，摄影者应该提前至少1个小时到达拍摄地点，做好拍摄前的所有准备，这样才有足够的时间来捕捉最佳的日落照片。

日落时间短暂，因此当落日的美景出现时，就需要把握住稍纵即逝的瞬间按下快门，同时变换不同的曝光时间和构图多拍摄几张。长时间曝光可以获得影调丰富的日落照片，短时间曝光可拍摄出剪影效果。

夏季拍摄的晚霞

光圈：F5.6 快门速度：1/125s 感光度：ISO100 曝光模式：光圈优先 曝光补偿：0EV

冬季拍摄的晚霞

光圈：F8 快门速度：1/125s 感光度：ISO100 曝光模式：光圈优先 曝光补偿：0EV

如果在有云彩的日子里拍摄日落，往往天空中会出现火烧云，那么我们可以在画面中加入云彩，或者仅仅拍摄云彩。云不但能够增加画面的美感，还可以用不同形象的云表现景物的季节和拍摄时间。

如果单单拍摄火烧云，为了加强照片的效果，应该多在曝光上做文章，通常曝光越欠，照片的色彩饱和度越高。另外用偏振镜还可以增加画面的饱和度，还可以在后期中调整照片的饱和度。因此拍摄一张美丽的火烧云照片也不是什么难事。

降低曝光度以增加画面的饱和度

光圈：F8 快门速度：1/125s 感光度：ISO100 曝光模式：光圈优先 曝光补偿：0EV

富有气魄的园林风光

园林是一个缩小的大自然，是人造的大自然。园林中通常会尽量多地容纳下大自然中多种风景，包括假山、小湖、瀑布、溪流，还有一些古典的建筑。如果是皇家园林就气派多了，甚至有一些直接将大自然中一块非常漂亮的区域划为皇家园林，那么拍摄这样的园林，一定要拍摄出它的气派和特色来。

气派的皇家园林

光圈：F11 快门速度：1/60s 感光度：ISO100 曝光模式：光圈优先 曝光补偿：0EV

园林风光通常在春季拍摄，这时的园林绿意盎然，溪水潺潺，飞鸟鸣唱，百花争艳，这样诗意的氛围容易激发人们的创作热情，能在这样的环境里拍摄就成功了一半。

绿意盎然的园林风光

光圈：F11 快门速度：1/250s 感光度：ISO100 曝光模式：光圈优先 曝光补偿：0EV

广角镜头或者超广角镜头的视角较大，再加上边缘少许的畸变，拍摄的景物通常显得较有气势，因此为了表现皇家园林的气派，可以使用广角镜头或者超广角镜头来拍摄。但是广角镜头所取的景物较多，难以形成整齐的构图，容易杂乱，在拍摄时要注意多观察并多换几个角度进行拍摄，适当时候利用近景和远景来构成画面，以达到完美的画面效果。

广角镜头拍摄的园林风光作品

光圈：F11 快门速度：1/160s 感光度：ISO100 曝光模式：光圈优先 曝光补偿：0EV

广角镜头拍摄的园林风光作品

光圈：F11 快门速度：1/125s 感光度：ISO100 曝光模式：光圈优先 曝光补偿：0EV

利用前景和背景构成完美的画面

光圈：F7.1 快门速度：1/125s 感光度：ISO100 曝光模式：光圈优先 曝光补偿：0EV

尽管广角镜头的视角够大，但是有时我们需要拍摄园林的全景照片，即使镜头的视角足够广也无法满足我们的要求。不用着急，使用数码相机拍摄加上完美的后期处理技术，我们很容易就可以拍摄出全景照片。后期通常为了达到完美的接片效果，我们使用专业的图像处理软件Photoshop，但是除了这一软件，还有一些小型的软件使用起来也非常快捷，不过效果可能不如Photoshop。

前期的接片拍摄与以往的照片有所不同，拍摄接片所用照片应该使用标准镜头，这样图像不会发生较大的畸变，非常适合后期合成。拍摄时并排拍摄下一些照片，拍摄的多少根据你自己的需要而定，可以是90°全景、180°全景或者360°全景。

为了达到最佳效果，减少图像的变形，除了使用标准镜头进行拍摄外，还要使用三脚架。注意一定要将相机垂直放置在三脚架上，并且相机可以作

Photoshop软件界面

为一个支点做360°的自由旋转，你可以轻松地拍摄任意角度的照片。

相机未调至垂直，拍摄的水平线会发生倾斜

相机保持垂直状态下旋转拍摄到的接片

为了保证每一张照片的亮度和色调相同，首先尽量在光线较恒定的天气里进行拍摄，此外，应该使用相机的手动模式进行拍摄，并将相机的曝光参数和白平衡等设置为恒定。

使用自动拍摄模式难免拍摄出色调不同的照片

使用恒定的曝光参数和白平衡设置拍摄的照片

拍摄接片照片时，为了后期接片保证画面连接完美，通常要在每幅图之间有所重合，即拍摄时每一张相邻的照片有一部分重合的景物。

根据专业摄影者的经验，要保证接片之后的效果完美，接片的重叠部分至少要30%，并且在后期接片时重叠的部分越多效果越好。

接片完成后的全景照片

光圈：F16 快门速度：1/60s 感光度：ISO100 曝光模式：光圈优先 曝光补偿：0EV

我国有着许许多多的园林，而且根据地域的不同有着不同的风格特点，为了拍摄出它们各自的特点，摄影者应该提前对要拍摄园林及其所在地区的风俗进行考察，然后再进行拍摄，这样在拍摄时就会有的放矢，不会那么盲目了。在拍摄时除了使用全景来表现外，还可以采用特写、微距等其他的手法来拍摄，尽可能全面地展现园林的特色风光。

风格独特的园林建筑

光圈：F11 快门速度：1/60s 感光度：ISO100 曝光模式：光圈优先 曝光补偿：0EV

拍摄园林中独特的建筑

光圈：F8 快门速度：1/125s 感光度：ISO100 曝光模式：光圈优先 曝光补偿：0EV

拍摄园林的局部景观

光圈：F8 快门速度：1/125s 感光度：ISO100 曝光模式：光圈优先 曝光补偿：0EV

风格迥异的林木

地球上的树木种类繁多，各种树木有着不同的外观、不同的生长环境、不同的风格，在拍摄时也有不同的拍摄技巧。

色彩丰富的林木

光圈：F11 快门速度：1/125s 感光度：ISO100 曝光模式：光圈优先 曝光补偿：0EV

林木的拍摄应该注重形式美，讲究线条的运用，摄影者要学会发现和提炼林木中的景物。提炼景物有一些常见的规律可以遵循。通常林木有较多的统一色调的景观，这些景观应该保留，另外也会出现较多同一方向的线条，也应该合理放置在画面中。画面主体应该尽量单一，可以在画面中寻找一些图案或者较有形式感的东西。

林木的线条感是其构图的重要元素之一

光圈：F11 快门速度：1/125s 感光度：ISO100 曝光模式：光圈优先 曝光补偿：0EV

拍摄林木时，光线的运用是非常重要的。用顺光或散射光拍摄雾中的树林，可以得到丰富的影调层次；采用侧光拍春天的树林，可以借助林间的一些其他植物或者花朵与树干形成相间交错的影调；也可以用逆光来拍摄枯老的树干，将苍劲的树干与枝条拍摄出醒目的剪影效果。因此不同的光线可以表现不同的效果。

平光拍摄的林木

光圈：F11　快门速度：1/125s　感光度：ISO100　曝光模式：光圈优先　曝光补偿：0EV

侧逆光拍摄的林木

光圈：F11　快门速度：1/125s　感光度：ISO100　曝光模式：光圈优先　曝光补偿：0EV

在摄影画面中通常会有主体和陪体的说法，主体即画面中主要表现的景物，在画面中占主导地位，主体可以是一个或者多个。陪体即除主体外的其他用来衬托主体的景物，一般位于画面的次要位置。主体和陪体的位置摆放通常依据美学法则进行，在此基础上还可以进行创新突破。

利用石头作为画面的前景

光圈：F11　快门速度：1/125s　感光度：ISO100　曝光模式：光圈优先　曝光补偿：0EV

利用溪水和石头作为前景

光圈：F11　快门速度：1/125s　感光度：ISO100　曝光模式：光圈优先　曝光补偿：0EV

温带地区不同季节的林木会有较大的变化，这是喜欢拍摄风光的摄影者比较关注的一个问题，反映在摄影画面中是画面色彩的不同。春季的树木刚刚发芽，是嫩绿色的；夏季的林木是深绿色的；秋季的林木呈现斑斓的枯黄色彩；冬季没有了树叶，林木呈灰色，如果下雪了，林木自然是白茫茫一片，也非常吸引人。

春季的林木

光圈：F11 快门速度：1/125s 感光度：ISO100 曝光模式：光圈优先 曝光补偿：0EV

夏季的林木

光圈：F11 快门速度：1/125s 感光度：ISO100 曝光模式：光圈优先 曝光补偿：0EV

秋季的林木

光圈：F11 快门速度：1/125s 感光度：ISO100 曝光模式：光圈优先 曝光补偿：0EV

冬季的林木

光圈：F11 快门速度：1/125s 感光度：ISO100 曝光模式：光圈优先 曝光补偿：0EV

雾气中的林木也是值得拍摄的。雾气笼罩下的林木色彩饱和度会降低，不过也正由于这一原因，照片的色调更容易和谐。另外，浓浓的雾气也会使照片的空间感增强，因此照片看起来会更加耐人寻味。拍摄时需要注意照片的曝光要处理好，尽量让曝光量大一些，这样画面看起来更清新。

雾中林木

光圈：F11 快门速度：1/60s 感光度：ISO100 曝光模式：光圈优先 曝光补偿：0EV

透过树林的阳光

每天日出日落都有相同的规律，太阳光照射在景物上，在地上投下阴影，这光影根据不同时间、不同地点、不同方位会千变万化。注意观察这些光影的变换，在其中寻找出美的角度将它们拍摄下来将会是很不错的作品，拍摄时的关键是画面中的光与影的构成效果。

阳光透过树林洒在片片落叶上

光圈：F16 快门速度：1/40s 感光度：ISO100 曝光模式：光圈优先 曝光补偿：-0.7EV

首先，根据时间段的不同，光影的效果会大不一样。在不同的时间段，清晨的光线照射角度较低，光线方向性明确，造型效果好。在这样的光线照射下，景物明朗，层次丰富，有利于表现造型的虚实和空间感。

这时，拍摄阳光下树林长长的影子是个不错的想法，可以从不同的角度多拍几张，以便寻找其最有画面感觉的角度。

低角度光照下的树木投影

光圈：F8 快门速度：1/125s 感光度：ISO100 曝光模式：光圈优先 曝光补偿：0EV

树干投下的整齐的投影

光圈：F8 快门速度：1/125s 感光度：ISO100 曝光模式：光圈优先 曝光补偿：0EV

上午的太阳的位置稍高一些，强度比清晨的要大一些，但相比正午的光线要柔和一些。这一时间段的景物的质感和细节被清晰地表现，可以将太阳也一同摄入画面，营造一种独特的效果。

下午由于空气中的雾气和灰尘增多，阳光较上午柔和，因此这时拍摄透过疏树林的阳光会在画面中带上一种朦胧的感觉，非常唯美。

树木呈现剪影效果

光圈：F8 快门速度：1/125s 感光度：ISO100 曝光模式：光圈优先 曝光补偿：0EV

在太阳的照射下，树叶变得透亮

光圈：F8 快门速度：1/125s 感光度：ISO100 曝光模式：光圈优先 曝光补偿：0EV

树林中的水汽较多，因此经常在树林中出现雾气。一般雾常出现在早晚的时间。早上可以等待天更亮一些、雾气将散未散的时候拍摄，这时不仅光线较好，而且由于雾的作用，能见度较低，树林深处光影朦胧，似隐似现的效果渲染了林间神秘莫测的气氛，有助于拍摄出富有浪漫气息的照片。

雾气增加了树林的浪漫气息

光圈：F8 快门速度：1/60s 感光度：ISO100 曝光模式：光圈优先 曝光补偿：0EV

正午的光线较强，而且呈现顶光的光照效果。在一般情况下，这种光线条件不适合拍摄照片，因为会使投影过于生硬而亮部曝光过度。但是，在林间摄影的时候，正午的顶光往往会带来令人振奋的光线效果。正午阳光从树木的枝枝叶叶之间投射下来，仰头看去，会发现繁茂枝叶空隙间的光线非常有趣，阳光还会形成美丽的光斑。将这些明亮的光线或者光斑拍摄到画面中，不仅可以记录下奇妙的光影特征，还会发现画面中一些美妙的节奏。

正午时分太阳透过树叶的光芒

光圈：F11 快门速度：1/125s 感光度：ISO100 曝光模式：光圈优先 曝光补偿：0EV

强烈的逆光效果让树叶呈现半透明状，枝叶疏密带来自然的深浅变化，饱满的颜色与构图，让画面充满美感。为了表现这些画面，我们可以使用一些特殊的技法来表现，比如下面这两张照片中采用的光斑法，利用镜头正对着太阳时画面中形成的光斑来点缀画面，使用这一方法拍摄时要注意观察光斑的形状，取较好的形状保留在画面中。右下图巧妙地利用了树林中的水汽反射而来的光线，使光线的形状可见，效果非常奇特。

炫光可以在画面中进行点缀

光圈：F8 快门速度：1/125s 感光度：ISO100 曝光模式：光圈优先 曝光补偿：0EV

太阳透过树木投射而下的光线形成一条条光带

光圈：F5.6 快门速度：1/125s 感光度：ISO100 曝光模式：光圈优先 曝光补偿：0EV

海岸的颜色

不同的海域，海岸的颜色也不相同，因此，丰富多样的海岸风光再加上变化多端的光线，为摄影者提供了无数的拍摄题材和拍摄机会。

海岸，可以拍摄的景物太多了，如海滩、海边的岩石、海边的独特建筑、海边的峭壁。拍摄海边的景物能够让作品增添色彩和质感，考验了摄影者的摄影技艺。

海岸自然风光

光圈：F5.6 快门速度：1/125s 感光度：ISO100 曝光模式：光圈优先 曝光补偿：0EV

海岸人工场景

光圈：F5.6 快门速度：1/125s 感光度：ISO100 曝光模式：光圈优先 曝光补偿：0EV

对于普通的风光摄影题材来说，能够在画面中增加一些戏剧性的景象是再好不过的。因为富有戏剧性的画面通常对观众有着极大的吸引力。在拍摄海岸风光时能够将地面、海洋和天空并列在画面中，这样就更加真实地表现出海岸的景色。这时使用广角镜头是一个不错的想法，它可以将地面、海水和天空同时摄入镜头，增加画面的戏剧性。值得注意的是，如果天空的亮度过高，则可以使用灰渐变滤镜来修正。

小船、落日、海面的点点波光构成赏心悦目的风景

光圈：F11 快门速度：1/125s 感光度：ISO100 曝光模式：光圈优先 曝光补偿：0EV

海岸的沙滩给人以阳光和欢乐的感觉，拍摄时最好选择晴朗的天气，风光照片当然选择在人少的时候拍摄。在拍摄海岸沙滩时，曝光是比较重要也较难处理的一个技术问题。拍摄大面积的沙滩时或者逆光拍摄海水水面时，应该加一到两挡的曝光补偿，或者对着绿色的植物等接近中性灰光度的景物进行测光，然后增加一到两挡的曝光量，这样可以使沙滩曝光准确，并且使绿色植物看起来更光鲜亮丽。

拍摄海岸的沙滩风光时应该增加一到两挡的曝光量

光圈：F8 快门速度：1/125s 感光度：ISO100 曝光模式：光圈优先 曝光补偿：+1.0EV

拍摄海岸时，画面中通常会出现海水水面，这时摄影者要注意水面是否有反光，如果水面有反光，则非常影响画面效果，可以使用偏振镜来消除反光。偏振镜的使用比较方便，你可以从取景窗中观察，然后旋转镜片到效果最佳的角度。

使用偏振镜消除水面的反光——消除之前

光圈：F8 快门速度：1/500s 感光度：ISO100 曝光模式：光圈优先 曝光补偿：0EV

使用偏振镜消除水面的反光——消除之后

光圈：F8 快门速度：1/125s 感光度：ISO100 曝光模式：光圈优先 曝光补偿：0EV

海边的光线变化较大，有时会很亮，有时会很暗，甚至有些朦胧，在明亮的光线条件下拍摄，应该将测光点选择在地面上，然后减少一到两挡的曝光量，这样可以保证天空和海水曝光准确。如果想拍摄低调的海岸风光，可以减少二到四挡的曝光量。如果拍摄雾天的海岸，同样应该对着地面进行拍摄，然后增加一到两挡的曝光量，使地面的色彩更加艳丽，而雾也显得洁白。

拍摄海岸雾景容易曝光不足

光圈：F8 快门速度：1/125s 感光度：ISO100 曝光模式：光圈优先 曝光补偿：0EV

增加一挡曝光量后画面就通透多了

光圈：F5.6 快门速度：1/125s 感光度：ISO100 曝光模式：光圈优先 曝光补偿：0EV

拍摄海岸时选择拍摄其全景是非常不错的想法，海岸的沙滩、岩石、峭壁、潮汐、海水、天空——要全都拍摄下这些景物最好选择一个制高点，拍摄时可将海鸟、游人、船只等一并摄入，这样可以增加画面的生气。

海岸的大场景是非常值得拍摄的

光圈：F11 快门速度：1/125s 感光度：ISO100 曝光模式：光圈优先 曝光补偿：0EV

技巧提示

拍摄海岸风光时注意海水表面反射而来的光线，不要在画面中形成炫光，可以使用遮光罩遮挡。此外要做好防护措施，避免沙子进入相机内损坏相机，也要做好防水措施，避免海水进入相机。

守望长城风景

长城，作为我国古代劳动人民遗留下来的一大奇迹景观，被赋予了历史含义，拍摄长城应该将古人那种历久弥坚的精神体现在画面中。

长城不仅是古代建筑的外观展现，同时也是精神世界的一种延伸，我们要借由古迹的沧桑来理解古人的情境，并提升现代人对现实的认识。

长城是我国古代人民精神世界的一种延伸，拍摄时应体现出长城悠久、壮观的气势

光圈：F11 快门速度：1/125s 感光度：ISO100 曝光模式：光圈优先 曝光补偿：0EV

拍摄长城时应该注意画面的构图是第一位的，由于长城的形状比较独特，因此提高了我们的拍摄难度。在构图时，应该摒弃画面中不必要出现的景物，以免不相干的景物影响主体的表达，这样可以让画面看起来更加简洁有力。

拍摄长城时构图很关键

光圈：F8 快门速度：1/125s 感光度：ISO100 曝光模式：光圈优先 曝光补偿：0EV

前景的利用是拍摄长城时较常用的手法，巧妙地利用前景中的树木或者其他的景物在画面中形成点缀，不仅极大地丰富了画面，而且使画面更加有空间感，同时还给我们增加了一个为观众提供信息的点，可以利用这个前景告诉观众当时的季节、位置等等。使用前景时要注意的是对于前景的选择，一方面要考虑画面结构和色彩的需要，一方面也要考虑画面信息的传达，还有对于画面主体的作用，即对于长城的衬托作用。

利用前景拍摄

光圈：F11 快门速度：1/125s 感光度：ISO100 曝光模式：光圈优先 曝光补偿：0EV

拍摄长城风光最好选在没有游人的时候，否则众多的游人会破坏了画面的氛围，并且游人身着的现代服装也会破坏遗迹的古色古香的味道。

在拍摄长城时，游客的出现会影响画面效果与古迹气氛的表现

光圈：F8

快门速度：1/125s

感光度：ISO100

曝光模式：光圈优先

曝光补偿：0EV

长城作为一个建筑，也具有建筑风光拍摄时的一些普遍特点。用光就是一个较为典型的方面。建筑大多采用侧光或者顺光拍摄，因此，拍摄时应该注意长城的坐落方位，也就是说选择长城的哪一段，决定了拍摄时的光照效果。对方位有所了解后，摄影者应该对想要的光线进行一番预想，想象在什么时间段，光线会呈现什么样的角度，长城风光会呈现什么样的状况，然后可以架好相机，安排好一切，等待你想要的画面出现。

侧光拍摄的长城断墙

光圈：F8 快门速度：1/125s 感光度：ISO100 曝光模式：光圈优先
曝光补偿：0EV

逆光拍摄的城墙

光圈：F8 快门速度：1/250s 感光度：ISO100 曝光模式：光圈优先
曝光补偿：0EV

日出日落时分的长城景观是富有戏剧性变化的画面，这时太阳不会因太强烈的光线而显现出圆圆的形状，天空的光线比较暗淡，甚至是朦胧的，非常浪漫，将长城拍摄成剪影的效果则能成就一张美丽的照片。

日落时分的长城景观

光圈：F8 快门速度：1/125s 感光度：ISO100 曝光模式：光圈优先
曝光补偿：0EV

季节是拍摄长城的又一要素。长城风光会因季节的变化而不同。春季清明前后，山花盛开，树木变绿，这是拍摄长城的最佳时机；夏季，植物由嫩绿变为深绿，拍摄时要表现出长城周边的绿色景物；秋季是收获的季节，可以利用红叶来烘托浓浓的秋意；冬季雪天，长城银装素裹，到处白茫茫的，犹如人间仙境。

春季的长城景观

光圈：F8 快门速度：1/125s 感光度：ISO100 曝光模式：光圈优先
曝光补偿：0EV

夏季的长城景观

光圈：F8 快门速度：1/125s 感光度：ISO100 曝光模式：光圈优先
曝光补偿：0EV

秋季的长城景观

光圈：F8 快门速度：1/125s 感光度：ISO100 曝光模式：光圈优先
曝光补偿：0EV

冬季的长城景观

光圈：F8 快门速度：1/125s 感光度：ISO100 曝光模式：光圈优先
曝光补偿：0EV

广阔的草原

广阔的大草原是很多人向往的地方，该怎样表现草原的广阔呢？在拍摄草原时，我们常常使用广角镜头。因为广角镜头能够拍摄到较大范围的景物，使更多的景物进入我们的画面。同时，它能够做到放大近处的景物，缩小远处的景物。这样就造成了一种更加强烈的透视感，让我们觉得草原更加广阔。此外，广角镜头的景深很深，能够很好地做到景物细节的还原，这对突出画面质感有很大的帮助。

草原的广阔是令我们心仪的，但是广阔之外会显得有些许空旷，这样广阔的场景中没有能够凸显的景物，但这妨碍不了我们的拍摄，我们可以根据实际情况采取一些措施来更好地表现大草原的美。关键在于画面中要确定一个兴趣点。在草原上除了广阔的草原外，有的时候会有些小景或者一些人文景观，在构图时，我们可以将这些景物构入画面中来增加画面的元素，丰富照片内容。

美丽的大草原

光圈：F11 快门速度：1/125s 感光度：ISO100 曝光模式：光圈优先 曝光补偿：0EV

草原上的羊群

光圈：F11 快门速度：1/125s 感光度：ISO100 曝光模式：光圈优先 曝光补偿：0EV

草原上的蒙古包

光圈：F11 快门速度：1/125s 感光度：ISO100 曝光模式：光圈优先 曝光补偿：0EV

此外，在草原上会有一些小河和小径，可以将之作为画面中的线条元素，即画面中的引导线。为了表现草原的辽阔，摄影者可以在画面中加入一些其他的元素，来使这种辽阔的感觉更加强烈。比如说，加一条纵向的小道，起到引导视觉的作用，增强纵深感。

小路引导视线延伸至远方

光圈：F8 快门速度：1/125s 感光度：ISO100 曝光模式：光圈优先
曝光补偿：0EV

小树成为画面的亮点

光圈：F11 快门速度：1/125s 感光度：ISO100 曝光模式：光圈优先
曝光补偿：0EV

草原的天空通常是比较赏心悦目的，将天空作为草原照片中一个重要的元素是一个不错的想法。可以使用三分法和九宫格法等构图方式来安排天空的位置。三分法，简单地说就是用地平线将画面横竖分为三等分，每条地平线相交处为放置主体最佳位置。九宫格与三分法类似，指的是将景物放在三分线划分的九处画面空间内，这九处为突出主体的最佳位置。当你在使用广角镜头时，不妨试试降低机位，从低角度进行拍摄。

草原上的牛群

光圈：F11 快门速度：1/125s 感光度：ISO100 曝光模式：光圈优先
曝光补偿：0EV

草原和天空都得到很好的表现

光圈：F11 快门速度：1/125s 感光度：ISO100 曝光模式：光圈优先
曝光补偿：0EV

草原景物的拍摄有时会受到水汽的影响而使照片看上去比较朦胧，天空的紫外线较多或者草叶的反光也会使得照片画面看起来不那么清晰，这种情况在风光摄影中较常见，可以使用UV镜来校正，或者使用偏振镜来消除，偏振镜的效果要比UV镜的效果好一些。使用时要注意镜片与太阳光线的角度。

未使用偏振镜拍摄的草原

光圈：F11 快门速度：1/125s 感光度：ISO100 曝光模式：光圈优先 曝光补偿：0EV

使用偏振镜拍摄的草原

光圈：F8 快门速度：1/125s 感光度：ISO100 曝光模式：光圈优先 曝光补偿：0EV

草原中也有丰富多彩的景观，比如河流、青山、飞鸟、牛羊，遇到这样的景观一定不要错过，这可是拍摄的好机会。

蓝天、白云、草原的秀丽风景

光圈：F11 快门速度：1/60s 感光度：ISO100 曝光模式：光圈优先 曝光补偿：0EV

奇秀险峻的山景

山景是风光照片中较重要的一个题材，因为山峰是最能代表自然风光的景物之一。

我国的名山大川有很多，各有特点，有的以险著称，有的以秀著称，有的以怪著称。在拍摄山景时首先应该了解它的特点，然后选择适合它的表现手法。

美丽的雪山风光

光圈：F11 快门速度：1/125s 感光度：ISO100 曝光模式：光圈优先 曝光补偿：0EV

拍摄山景时，构图是首先要决定的问题，选择横画幅还是竖画幅要根据所拍摄的风景来定。横画幅视野开阔，可以展现延伸的山脉，并使山脉富于空间感，尤其适合表示山脉的连绵起伏；而竖画幅则适合表现山峰的高耸，通常用来拍摄单独的山峰。

横幅拍摄的山脉

光圈：F11 快门速度：1/125s 感光度：ISO100 曝光模式：光圈优先 曝光补偿：0EV

竖幅拍摄的山峰

光圈：F11 快门速度：1/125s 感光度：ISO100 曝光模式：光圈优先 曝光补偿：0EV

黄山作为我国的五岳之一，以险、奇、怪闻名，千峰竞秀，各具神韵。黄山的美还在于从山石中生长而出的黄山松。拍摄黄山时可使用竖幅构图进行拍摄，竖幅构图易于表现山峰的高大险峻，拍摄黄山时建议广角镜头和长焦镜头相配合，使用广角镜头可以展现山体的全貌，而使用长焦镜头可以压缩山峰与山峰之间的距离。

长焦镜头拍摄的山景

光圈：F8 快门速度：1/125s 感光度：ISO100 曝光模式：光圈优先
曝光补偿：0EV

广角镜头表现山峰

光圈：F16 快门速度：1/125s 感光度：ISO100 曝光模式：光圈优先
曝光补偿：0EV

拍摄山景时的用光也是非常重要的。在使用顺光拍摄山景时，画面较平较明亮，色彩还原准确，但是山石的立体感较差。如果使用侧光拍摄山景，山石的立体感很强，线条和层次都得以很好的展现，侧光还可以表现出山峰的气势，也使照片更具粗犷的效果，且有色调上的明暗变化。因此，侧光是拍摄山峰的最佳光线角度。逆光拍摄时可以表现山景的剪影效果，这时山景富有特点的线条得以体现。

正面光照射下的山脉

光圈：F11 快门速度：1/125s 感光度：ISO100 曝光模式：光圈优先
曝光补偿：0EV

侧光照射下的山体

光圈：F11 快门速度：1/125s 感光度：ISO100 曝光模式：光圈优先
曝光补偿：0EV

如何拍摄出山的气势，选择拍摄的角度和位置是一个关键的问题。不同的高度、不同的方向、不同的角度可以拍摄出不同的画面效果。通常拍摄山峰的位置应该选择得高一些，而且一般以站在一座山上来拍摄另外一座山的角度最好，如果在山脚下或者在山腰拍摄，经常会看不到峰顶，并且会因透视，使山峰看起来失去了高耸挺拔的气势。

利用山下的房屋衬托出山峰的宏伟气势

光圈：F11 快门速度：1/125s 感光度：ISO100 曝光模式：光圈优先 曝光补偿：0EV

我国的山峰甚多，而且各具特色。拍摄山峰的特色景观，应该在合适的时机、合适的地点、合适的角度、合适的光线下，这样才能拍摄出最好的画面效果。在我国有较多高山云海的景观，固定外观的山峰加上没有定形的云海，构成了仙境般的风光，有了云彩的衬托，山景会显现不同以往的景象，还可以截取山景的一部分进行表现，前提是有漂亮的云海山景。

高山云海风光

光圈：F8 快门速度：1/125s 感光度：ISO100 曝光模式：光圈优先 曝光补偿：0EV

云海环绕的山峰局部

光圈：F8 快门速度：1/125s 感光度：ISO100 曝光模式：光圈优先 曝光补偿：0EV

技巧提示

拍摄山峰、山脉风光时，摄影者经常会爬到山顶去拍摄，由于海拔高气温低，一定要注意做好保暖措施，以防冻伤。另外，相机在低温环境下是否能够正常工作也是首先要考虑的问题。

朦胧的雨景

通常下雨天不是拍照片的好时机，但是如果摄影者不怕辛苦，不一定拍摄不出好的照片，反而有时候会拍摄出更加富有戏剧性的画面。

雨天天空中的云层遮挡了阳光，地面上失去了明亮的色调，部分的光线通过云层后形成柔和的漫射光，地面上的景物明暗反差较弱，影调偏暗，主要靠景物的自身色调和反光率来区分景物间的影调。因此拍摄时要注意控制好画面的影调，以免画面的影调灰暗，缺乏明暗反差。

透过窗玻璃拍摄朦胧的雨景

光圈：F5.6 快门速度：1/125s 感光度：ISO100 曝光模式：光圈优先 曝光补偿：0EV

雨景的拍摄自然比其他天气条件下的拍摄难度更大，不仅是由于下雨给摄影带来行动上的不便，更由于下雨天的景物缺乏明暗对比，而且光线不太稳定等等，这些因素直接导致拍摄的难度直线上升。除了拍摄雨景，还可以拍摄大雨来临前的乌云密布的风景，这同样是非常富有戏剧性的画面。拍摄时最大的问题还是控制好曝光的准确性，避免画面过暗或过亮。

乌云密布时的风景

光圈：F8 快门速度：1/125s 感光度：ISO100 曝光模式：光圈优先 曝光补偿：0EV

雨后的彩虹充满了梦幻感

光圈：F8 快门速度：1/125s 感光度：ISO100 曝光模式：光圈优先 曝光补偿：0EV

雨有很多种：倾盆的大雨、雷电交加的大雨、烟雨茫茫的中雨、稀稀拉拉的小雨、毛毛细雨……不同的雨景有着不同的表现方式，为了突出大雨中雨的气势，可以使用稍慢的快门速度将雨景拍摄成线状，并以深色的景物为背景，把明亮的雨丝衬托出来。

长时间曝光拍摄，雨滴连成线

光圈：F11 快门速度：1/30s 感光度：ISO100 曝光模式：光圈优先
曝光补偿：0EV

雨滴落入水中的瞬间

光圈：F2.8 快门速度：1/500s 感光度：ISO100 曝光模式：光圈优先
曝光补偿：0EV

■ 图片提示

1. 中焦镜头拍摄
2. 使用三脚架拍摄
3. 长时间曝光

拍摄小雨时，雨水介于雨和雾水之间，景物朦朦胧胧的，这时可以拍摄一些雨景中的小景，表现小雨的温馨浪漫的情调。还可以拍摄雨水落到溪水或者湖面等水面上形成的波纹。

雨后的蜘蛛网

光圈：F2.8 快门速度：1/500s 感光度：ISO100 曝光模式：光圈优先
曝光补偿：0EV

雨中花朵

光圈：F2.8 快门速度：1/500s 感光度：ISO100 曝光模式：光圈优先
曝光补偿：0EV

技巧提示

拍摄雨景时，摄影者一定要注意做好防水措施，可以利用专业的防水设备或是自制一个防水的遮罩。

即使雨天在家里也可以拍摄雨景，而且有时还可以拍摄出富有特色的照片。关键在于观察角度。如果在屋里，完全可以透过玻璃拍摄室外的雨景，因为一般这时玻璃上都会蒙上一层密密的水珠，透过这层水珠拍摄屋外的风景有一种朦胧的意境。

从窗外溅入玻璃窗上的水珠，形成特殊的朦胧效果

光圈：F8 快门速度：1/50s 感光度：ISO100 曝光模式：光圈优先 曝光补偿：0EV

雨天，光线比较昏暗，景物的色彩饱和度较低，这时，摄影者容易犯的错误是增加照片的曝光量。这样虽然使照片看起来似乎不那么昏暗，但是，殊不知本来画面中的景物反差就较小，在曝光量增加之后，画面会因为曝光过度而显得灰白，因此建议拍摄时不要再增加曝光补偿，甚至有时为了得到浓重的影调可以减少一挡的曝光量。

曝光过度

光圈：F5.6 快门速度：1/125s 感光度：ISO100 曝光模式：光圈优先 曝光补偿：0EV

曝光适当

光圈：F5.6 快门速度：1/125s 感光度：ISO100 曝光模式：光圈优先 曝光补偿：0EV

技巧提示

雨天光线变化很大，有时雨景亮度很高，而乌云密布的倾盆大雨亮度又很低，两者之间的曝光量可以相差很多倍。因此拍摄时，最好使用测光表测光。

荷塘之色

夏日荷塘中盛开的荷花用它艳丽的色彩与大面积绿色的荷叶相映成趣，使我们为之着迷，荷花是摄影中长久不衰的题材，由于它的美丽，自然而然地就成为了艺术界的宠儿。而摄影更能够轻而易举地记录下荷花的生动姿态。荷花、绿叶、平静的水面、线条流畅的茎形成一幅幅令人神往的画卷，这一节我们来介绍荷塘之色的摄影表现技巧。

荷花、绿叶、平静的水面、线条流畅的花茎形成一幅令人神往的画卷

光圈：F8 快门速度：125s 感光度：ISO100 曝光模式：光圈优先 曝光补偿：0EV

作为荷塘的重点，拍荷花自然是掌握好拍摄方法的首要环节。荷花艳丽的色彩和优美的造型不免让我们觉得很容易拍摄，其实不然，通过实际的拍摄，我们就会注意到它的拍摄难度。荷花距离我们有点远，拍摄的角度是很难把握的，可能为了得到一个好的画面我们会被它弄得晕头转向。另外，荷花通常位于杂乱的荷叶的包围中，要想既将荷花最美的角度展现出来，又想选择一个简洁的背景更加不容易。

拍摄距离远的荷花，在构图上一定的难度

光圈：F4 快门速度：1/500s 感光度：ISO100 曝光模式：光圈优先 曝光补偿：0EV

荷塘中的荷花总有一种圣洁的个性，为了彰显它的这一特质，我们可以利用降低曝光的方式突出主体花朵，因此我们可以用中央重点测光来对画面中的花朵进行测光，并在拍摄时降低一到二挡的曝光量，同时延长曝光时间，可以看到拍摄的画面花朵亮丽而周围的环境呈现暗色调，这样就赋予荷花了一种“出淤泥而不染”的感觉。

既想突出荷花最美的角度，又想选择一个简洁的背景更加不容易

光圈：F8 快门速度：125s 感光度：ISO100 曝光模式：光圈优先 曝光补偿：0EV

为了更好地展现荷花的生长态势，我们可以借助其弯曲的茎来展示其向阳生长的姿态，并且以荷叶作为背景的同时采用虚化的表现方法，这样可以更好地突出花朵，那么这样的荷花照片一定会给人们留下深刻的印象。

花茎独特的荷花也是非常好的拍摄题材

光圈：F4 快门速度：1/250s 感光度：ISO100 曝光模式：光圈优先 曝光补偿：0EV

使用微距镜头或者长焦镜头来拍摄荷花的微距照片，可以展现更多的细节内容。在拍摄花朵时，将花蕊作为拍摄重点进行刻画，可以带领观者进入一个别样的微型世界。

微距荷花照片画面，可以重点刻画荷花的花蕊部分，整个画面都被荷花所填充，显得非常饱满。而荷花总能给人一种清新自然的感觉。细节的刻画更加全面地展示了花朵，也更加突出了花朵的可爱和有趣的一面。

使用长焦镜头拍摄时可以使用较小的光圈拍摄，能够表现花卉完整的形态，并且能够使背景简洁，以便较好的突出主体。

对细节的刻画更加全面地展示了花朵，也更加突出了花朵的可爱和有趣的一面

光圈：F5.6 快门速度：1/125s 感光度：ISO100 曝光模式：光圈优先 曝光补偿：0EV

表现花卉完整的形态，使花卉的线条以及形状成为构成画面的主要元素

光圈：F11 快门速度：1/200s 感光度：ISO100 曝光模式：光圈优先 曝光补偿：0EV

荷花之上的露珠也是非常好的拍摄题材，这些晶莹的露珠为植物平添些许特别的生气和清新的视觉效果。为了将花瓣上的露珠拍摄得更加晶莹剔透，角度和光线的掌握是关键，要尽量采用逆光拍摄。

■ 图片提示

1. 使用长焦镜头并调至最大光圈拍摄，这样可以虚化背景以突出画面的主体。
2. 为了达到好的效果应该站在光线可以照到露珠的位置进行拍摄。
3. 构图时应该谨慎，因为极小的移动都可能让构图发生很大的变化。

荷花之上的露珠也是非常好的拍摄题材

光圈：F4 快门速度：1/250s 感光度：ISO100 曝光模式：光圈优先 曝光补偿：0EV

逆光拍摄荷叶也是一个不可多得的拍摄角度，最好从背面拍摄荷叶，这样荷叶上的脉络结构就显得更加清晰了。拍摄时尽可能地接近荷叶并使用广角镜头拍摄，这样拍摄的画面更富戏剧性。为了使拍摄的照片更加引人注目，你应该聚焦于对称的细节而不是大片的叶子上。

拍摄大片的荷叶不是好的拍摄方法

光圈：F11 快门速度：1/125s 感光度：ISO100 曝光模式：光圈优先 曝光补偿：0EV

用夸张的手法拍摄荷叶

光圈：F11 快门速度：1/125s 感光度：ISO100 曝光模式：光圈优先 曝光补偿：0EV

荷塘上的小景也是不错的拍摄题材

光圈：F8 快门速度：1/125s 感光度：ISO100 曝光模式：光圈优先 曝光补偿：0EV

掌握了荷花和荷叶的拍摄后，我们将目光放开一些来拍摄荷塘上的小景，飘浮在水面上的花瓣和荷叶，还有泛起的水波涟漪，这些小景看似没有什么引人注意的，但是却别有一番情趣。拍摄这种景观的关键是角度的选取，我们可以在岸边拍摄，也可以在小桥上或者在小船上拍摄，无论怎样拍摄，只要有很好的眼光就能够拍摄出动人的照片。

不可不拍的秋天风光

秋季是一个收获的季节，这个季节的色彩是果实的色彩、成熟的色彩，摄影者要抓住季节的特色，了解秋季的色彩风格，才能够拍摄出富有秋季味道的风光。

秋季最大的特点就是树叶变黄，并不断地脱落，有的地方的落叶覆满了地面，看起来很有一番温馨的气息。拍摄地面上的落叶建议使用广角镜头，这样可以摄入更多的地面，如果还能够拍摄到天空和其他的景物就更好。

金色的落叶展现秋季的风采

光圈：F8 快门速度：1/125s 感光度：ISO100 曝光模式：光圈优先 曝光补偿：-0.7EV

秋季的山林景色非常能够代表秋季的特色，深秋时节，起伏的山林被秋色覆盖，到处一片金黄。如果在傍晚时分拍摄，金黄色的阳光更会为山林染上一层金色的光辉，山林的黄色加上夕阳的金黄形成了一道亮丽的风景线。

色彩艳丽的秋季山林

光圈：F8 快门速度：1/125s 感光度：ISO100 曝光模式：光圈优先 曝光补偿：0EV

金色的秋季山林

光圈：F11 快门速度：1/125s 感光度：ISO100 曝光模式：光圈优先 曝光补偿：0EV

深秋枫叶红透了，见到这火红的叶子，我们就有了拍摄的冲动。拍摄时最好选择不同的景别来表现不同的感觉。可以采用大全景来表现枫叶景观的壮观，大场面的作品往往有很大的感染力；还可以从近处着手拍摄，拍摄枫叶的局部，精细刻画枫叶的结构特征，一样可以拍摄出精彩的作品，而且不同景别的拍摄可以让你的照片更丰富。

以大场景表现枫叶

光圈：F8 快门速度：1/125s 感光度：ISO100 曝光模式：光圈优先
曝光补偿：0EV

枫叶特写

光圈：F5.6 快门速度：1/250s 感光度：ISO100 曝光模式：光圈优先
曝光补偿：0EV

用不同的光线拍摄枫叶会获得不同的效果，当我们用顺光时，枫叶显得富有体量感；当我们用侧光时，会将枫叶的质感表现得非常写实；当我们用逆光时，枫叶晶莹剔透。不过没有任何规则是不可以打破的，应该不断地尝试不同的光线，得到更多的拍摄经验。

侧光拍摄的枫叶很有体量感

光圈：F8 快门速度：1/250s 感光度：ISO100 曝光模式：光圈优先
曝光补偿：0EV

逆光拍摄的枫叶显得很透明

光圈：F8 快门速度：1/125s 感光度：ISO100 曝光模式：光圈优先
曝光补偿：0EV

枫叶周围的环境是塑造枫叶的重要因素，草绿色背景及蓝色天空可以赋予枫叶立体的质感，非常富有视觉冲击力。在拍摄时不适合过多使用景物构成的画面，而应该选取特征性景物，并把重点放在色泽和形态上。

以天空为背景拍摄的枫叶风光

光圈：F8 快门速度：1/250s 感光度：ISO100 曝光模式：光圈优先 曝光补偿：0EV

秋季是一个五彩斑斓的季节，由于季节的原因，再加上生物多样性的原因，大自然中的植物五颜六色，像一个五彩大染缸染出来的，漂亮极了。但是又由于秋季的阳光中带有一种柔和的暖调，与夏日的强烈光线截然不同，因此五彩斑斓的风景在这种柔和光线的照射下，犹如一幅五彩的画卷，步入其中，浪漫无比。

色彩斑斓的落叶

光圈：F5.6 快门速度：1/250s 感光度：ISO100 曝光模式：光圈优先 曝光补偿：0EV

秋日的树林

光圈：F11 快门速度：1/125s 感光度：ISO100 曝光模式：光圈优先 曝光补偿：0EV

技巧提示

秋季风景的色彩可以说是最丰富的，但是在这丰富的色彩中又多了一丝沧桑，如果想突出这种沧桑的感觉，建议在后期将照片的饱和度稍稍调低，同时也会呈现一种古旧的味道。

冬季浪漫雪景

冬季来临，北国风光尤为浪漫。白茫茫的雪景为人们展现出银装素裹、洁白淡雅的意境，摄影爱好者们又纷纷拿起摄影器材充满激情地开始创作了，那么这时只要把握好时机就一定能够拍摄出上等的摄影作品。

白雪与山脉结合的场景表现了北方独特的雪景风光

光圈：F16 快门速度：1/40s 感光度：ISO100 曝光模式：光圈优先 曝光补偿：-0.7EV

雪景反差大，亮度高，如果只在画面中安排大片的白白的雪景而忽视其他的陪衬物，那必导致画面一片空白，没有山脉层次，平淡得没有一丝看点。因此，拍摄雪景时应该选择一些辅助物来点缀画面，避免一片雪白，这样雪景与其他景物形成明暗色调的对比，看起来就丰富多了。

大片的雪景使画面看起来较空

光圈：F8 快门速度：1/250s 感光度：ISO100 曝光模式：光圈优先 曝光补偿：0EV

雪景与其他景物互相映衬

光圈：F8 快门速度：1/125s 感光度：ISO100 曝光模式：光圈优先 曝光补偿：0EV

技巧提示

冬天室外的气温比较低，在外出拍摄时要为相机做好保温措施。由于相机的电池比较容易受温度的影响，在低温环境下使用的时间会减少，因此冬天外出拍摄时最好能够多带一块电池，并将它们充满电。

对于雪景的拍摄来说，曝光是应该最先解决的问题，影响到拍摄雪景是否成功。在雪景拍摄中如果使用相机的自动测光系统测光，通常会曝光不足。因此，一般会增加一到两挡的曝光补偿，即对准雪景的白色部位进行测光，然后相机就会根据你的设置在拍摄时自动增加一到两挡的曝光量，这样雪景就会较真实地被还原。

正常测光拍摄的照片

光圈：F8 快门速度：1/125s 感光度：ISO100 曝光模式：光圈优先 曝光补偿：0EV

增加曝光补偿后拍摄的照片

光圈：F8 快门速度：1/125s 感光度：ISO100 曝光模式：光圈优先 曝光补偿：+1.0EV

当你拍摄完雪景之后，兴致勃勃地回家看照片，却发现所有的照片都是偏向蓝色调的，尤其是本来应该雪白的雪景，现在成了蓝色调，这是怎么回事呢？原来是由于白雪的反射能力过强，将天空中的雪景反射出来，这样的情况通过加装偏振镜是完全可以校正的。如果没有偏振镜，也可以在后期软件中进行调整。

上面的校正是为了得到白色而不偏色的雪景照片。但是蓝调也是一些人比较喜欢的雪景的影调，那么就不需要再进行色调的调整了，甚至你可以将照片在后期中调整得更加偏向于蓝色调。这种特意而为的蓝色调照片也别有一番风味。

偏蓝调的雪景照片

光圈：F8 快门速度：1/250s 感光度：ISO100 曝光模式：光圈优先 曝光补偿：0EV

偏色校正后的雪景照片

光圈：F8 快门速度：1/125s 感光度：ISO100 曝光模式：光圈优先 曝光补偿：0EV

大场景的雪景能够体现出雪景的宏大气势，精致的雪景小品能够反映雪景的闲暇情趣。这样的雪景能够在很多地方找到，比如在你家附近的小公园。树挂是小雪景中最有情调的，也最容易拍摄到的。为了凸显树挂冰清玉洁的形象，可以找其他色调的场景做背景，最好是简洁一点的背景，这样拍出来的雪景小品才有移动的空间感、色彩感和精致的感觉。

木材上厚厚的雪融化之后形成的冰挂

光圈：F8
快门速度：1/125s
感光度：ISO100
曝光模式：光圈优先
曝光补偿：0EV

冰雪雕琢的色彩天堂

冬季的北方让人感觉到什么是寒冷。也就是有这样的冬天，北方才有了浪漫的气息。在黑龙江的哈尔滨，冰雪大世界又一次出现了，让我们随着寒流来到哈尔滨，去感受无比浪漫的时光，体验这浪漫的世界吧。

冰雪的色彩世界

光圈：F8 快门速度：1/15s 感光度：ISO100 曝光模式：光圈优先 曝光补偿：0EV

拍摄冰雪世界之前的准备工作是很重要的，这其中，保暖工作应该是第一位的，包括摄影者自身的保暖工作和相机的保暖工作。由于拍摄环境非常冷，又是在晚上，因此应该穿戴好保暖服、帽子手套、棉鞋。另外，应该为相机准备一个保暖套，以免由于温度太低而停止工作。

冰雪大世界是冰和灯组成的美丽世界。可以依照夜景的拍摄方式来拍它，并且为了获得最佳的画质，应该将感光度调至最低，使用长时间曝光。由于现场的光线比较暗，因此相机内部的测光表会失去作用，如果有手持测光表就好了，这样可以精确地测出拍摄范围内的曝光参数，如果没有，就只能靠拍摄经验。好在数码相机可以预览照片，曝光不准也就不是不易解决的问题了。

技巧提示

拍摄冰雪大世界，需要长时间曝光，手持是肯定不行的，除非你要拍摄出独特的效果，否则最好带上三脚架、快门线。

低感光度拍摄的照片

光圈：F8 快门速度：1/8s 感光度：ISO100 曝光模式：光圈优先
曝光补偿：0EV

高感光度拍摄的照片

光圈：F8 快门速度：1/80s 感光度：ISO1000 曝光模式：光圈优先
曝光补偿：0EV

冰城绚丽的色彩让我们陶醉其中，而且色彩还不断地进行变幻，拍摄时可以将各种颜色的冰城拍摄下来，然后将它们放置在一起，形成非常有意思的蒙太奇组合，像动画一般。

紫色的冰城

光圈：F8 快门速度：1/15s 感光度：ISO100 曝光模式：光圈优先
曝光补偿：0EV

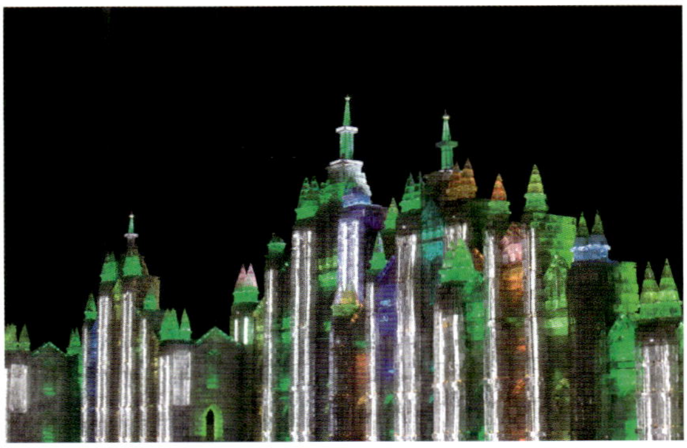

绿色的冰城

光圈：F8 快门速度：1/15s 感光度：ISO100 曝光模式：光圈优先
曝光补偿：0EV

蓝色的冰城

光圈：F8 快门速度：1/15s 感光度：ISO100 曝光模式：光圈优先
曝光补偿：0EV

红色的冰城

光圈：F8 快门速度：1/15s 感光度：ISO100 曝光模式：光圈优先 曝光补偿：0EV

深入雾凇仙境

雾凇，是北方冬季里一种特有的自然景观，俗称树挂，它的形成原因是温度相对较高的雾气遇冷急骤凝结在树枝上。雾凇似冰非冰，似霜非霜，附在树枝上的形态犹如玉树琼枝，可使景物的形态在一夜之间变得异常优美，风姿格外迷人，一些建筑物在雾凇的装扮下，好似天工巧匠用白玉琢成，如同水晶宫中的琼楼玉宇。不同种类的树木在雾凇的装扮下会出现不同的外观，有的像昙花盛开，有的似玉菊怒放，有的如梨花攀枝，有的若珊瑚丛丛……株株不同，棵棵有异，千姿百态，这一景象在我国吉林市的冬季时常出现。

侧面光线非常适合表现冬季雾凇树枝上堆积的冰雪的形态与质感

光圈：F16 快门速度：1/40s 感光度：ISO100 曝光模式：光圈优先 曝光补偿：-0.7EV

拍摄雾凇，时机的把握是首要问题。因为雾凇能够保持良好形态的时间比较短，拍摄雾凇的时间最好在晚上有雾的次日清晨。在有太阳的天气里，雾凇通常可以在日出后保持两个小时，之后，由于太阳光使地面温度回升，雾凇就会融化。因此，拍摄雾凇，在有雾的夜晚应该提前做好准备工作，天明时赶到拍摄点，待光线合适时抓紧时机进行拍摄。

在日出前拍摄的雾凇，有薄雾环绕

光圈：F8 快门速度：1/15s 感光度：ISO100 曝光模式：光圈优先
曝光补偿：0EV

在太阳初始时拍摄的雾凇，能见度增大，雾凇更加清晰

光圈：F8 快门速度：1/15s 感光度：ISO100 曝光模式：光圈优先
曝光补偿：0EV

雾凇的形象有时比较杂乱，拍摄时难免会造成构图上的困难，不过在以往的构图练习上，我们进行相应的变化即可化难为易。雾凇的结构通常比较散乱，构图时建议使用中长焦镜头，这样小的景别在选取时要以简洁大方为原则，另外可以从中选择一些比较图案化的区域进行拍摄。由于雾凇的晶莹剔透，应该选择其他色调的场景作为背景，这样就可以用明暗对比的方法衬托出雾凇的美丽。

简洁而图案化的构图

光圈：F5.6 快门速度：1/125s 感光度：ISO100 曝光模式：光圈优先
曝光补偿：0EV

以深色的景物为背景

光圈：F5.6 快门速度：1/125s 感光度：ISO100 曝光模式：光圈优先
曝光补偿：0EV

雾凇的用光与一般的风光有所不同，因为雾凇是半透明状态的景物，所以为了拍摄出它的晶莹剔透，一般不宜选用顺光，顺光常常会将雾凇拍摄成灰白色，不能表现出雾凇的质感和层次。为了获得丰富层次和质感强的雾凇照片，应采用侧光、侧逆光或逆光拍摄。

侧光拍摄的雾凇风光

光圈：F8 快门速度：1/15s 感光度：ISO100 曝光模式：光圈优先
曝光补偿：0EV

逆光下的雾凇更显晶莹剔透

光圈：F8 快门速度：1/15s 感光度：ISO100 曝光模式：光圈优先
曝光补偿：0EV

雾凇在阳光的照射下，光线的分布很不均匀，因此拍摄雾凇时，测光应该使用中央重点测光或者平均测光。另外，在曝光方面，雾凇和雪景有着相似的地方，因为雾凇具有较强的反光能力，往往测光表进行测光的结果偏高一些。如果按照直接测出的参数拍摄，难免会造成曝光不足的现象。因此在拍摄时，应在测光读数的基础上加大1~2级光圈补偿，使照片上雾凇显得晶莹剔透。

正常测光拍摄的雾凇照片

光圈：F4 快门速度：1/250s 感光度：ISO100 曝光模式：光圈优先 曝光补偿：0EV

增加一挡曝光量拍摄的照片

光圈：F4 快门速度：1/125s 感光度：ISO100 曝光模式：光圈优先 曝光补偿：0EV

雾凇是一种天然形成的自然现象，有着非常丰富的外形特点。拍摄时，要在拍摄角度上创新，构图上突破，用光上改进，做到新颖别致。应充分利用不同景物的各种体态，去寻找奇特有趣的画面图案，使雾凇默契地配合主体景物，突出画面主题，从而把瑰丽多姿的雾凇拍摄得更有韵味。

局部取景拍摄的雾凇照片

光圈：F8 快门速度：1/15s 感光度：ISO100 曝光模式：光圈优先 曝光补偿：0EV

以日出来点缀雾凇全景

光圈：F8 快门速度：1/15s 感光度：ISO100 曝光模式：光圈优先 曝光补偿：0EV

第 4 章

流光溢彩！再现建筑之美

建筑摄影的拍摄主题范围很广，可以是一栋建筑，也可以是建筑的群体或一个地区、一座城市；可以是建筑的整体或局部；也可以是室外或室内。摄影师应善于根据建筑物的特点及想要表现的内容去寻找富有代表性的拍摄主题。

夜拍城市惊艳美景

城市夜景是众多摄影爱好者喜欢拍摄的题材。城市夜景的拍摄有一定的难度，因为城市夜晚的灯光有无数个，大的、小的、亮的、暗的、红的、绿的……要想在拍摄中控制好这些灯光，需要进行夜景的拍摄技巧的练习。

城市夜景是摄影爱好者们非常喜欢的拍摄题材

光圈：F11 快门速度：1/8s 感光度：ISO100 曝光模式：光圈优先 曝光补偿：0EV

上海金茂大厦

金茂大厦位于上海浦东新区黄浦江畔的陆家嘴金融贸易区，楼高420.5米，是上海第二高楼、中国内地第三高楼、世界第八高楼。它的第88层为国内第二高的观光层（仅次于环球金融中心），从观光层极目眺望，上海新貌尽收眼底。

金茂大厦的观光层是一个难得的制高点，在那里一定可以拍摄出美丽的城市全景照片。

在拍摄时，需要用三脚架，用慢快门长时间曝光，这样能够将灯火辉煌的金茂大厦景象表现得更加淋漓尽致。

金茂大厦周边夜景

光圈：F11 快门速度：1/8s 感光度：ISO100 曝光模式：光圈优先 曝光补偿：0EV

从金茂大厦顶端拍摄上海夜景

光圈：F11 快门速度：1/4s 感光度：ISO100 曝光模式：光圈优先 曝光补偿：0EV

在构图上可以借助水面的倒影来组织画面，这样一方面更加体现建筑物的雄伟，另一方面能够使画面更加饱满。

俯视金茂大厦中庭

光圈：F11 快门速度：1/30s 感光度：ISO100 曝光模式：光圈优先 曝光补偿：0EV

仰视金茂大厦中庭

光圈：F11 快门速度：1/30s 感光度：ISO100 曝光模式：光圈优先 曝光补偿：0EV

赏完外景，还可以从上往下观赏举世无双的酒店中庭，其28道环廊扶手在霓虹灯的照射下，金光闪闪。拍摄酒店中庭时，重点要注意画面的构图，要选取均衡并富有规律的画面进行拍摄。

北京“鸟巢”新风味

中国国家体育场“鸟巢”是2008年北京奥运会主体育场，由2001年普利茨克奖获得者赫尔佐格、德梅隆与中国建筑师李兴刚设计建造，由艾未未担任设计顾问。“鸟巢”形态如同孕育生命的摇篮，寄托着

造型奇特的中国国家体育场

光圈：F11 快门速度：1/125s 感光度：ISO100 曝光模式：光圈优先 曝光补偿：0EV

人类对未来的希望。设计者们对它没有做任何多余的处理，只是坦率地把结构暴露在外，因而自然形成了建筑的外观。2009年“鸟巢”入选世界10年十大建筑。

在夜幕还未降临时提前做好拍摄的准备

光圈：F8 快门速度：1/60s 感光度：ISO100 曝光模式：光圈优先
曝光补偿：0EV

天空未完全变暗但灯光全部开启时拍摄的效果最佳

光圈：F8 快门速度：1/8s 感光度：ISO100 曝光模式：光圈优先
曝光补偿：0EV

技巧提示

建筑物本身是没有生命的，但是富有美感的建筑往往让我们可以感受到生命的律动，拍摄“鸟巢”时可以将它前方水面中的倒影一同拍入，这样的镜面景观可以让画面更丰富，而且使原本比较呆板、单一的“鸟巢”变得富有生气。

傍晚时分是拍摄“鸟巢”的最佳时间，因为可以将“鸟巢”的优美夜景拍摄下来，并且将这一美景置于深邃的天空里，更显浪漫气息。

夜景摄影时会用到长时间曝光，最令人头疼的就是相机的晃动，手持拍摄是不可能拍出清晰的照片的，应该使用三脚架和快门线辅助来完成拍摄。另外，避免将相机架在车流较多的地方，因为这些地方的地面在汽车通过时可能会带来震动，使影像模糊，而且在车流较多的地方拍摄也比较危险，建议还是在保证安全的情况下展开拍摄工作。

避免将相机架在车流较多的地方

光圈：F5.6　快门速度：1/125s　感光度：ISO100　曝光模式：光圈优先
曝光补偿：0EV

为了得到最佳画质，即使是在白天也应该使用三脚架拍摄

光圈：F16　快门速度：1/30s　感光度：ISO100　曝光模式：光圈优先
曝光补偿：0EV

拍摄“鸟巢”时，取景的角度的不同影响着画面的不同效果。这应该从两个方面来考虑，首先“鸟巢”在设计中有它最美的角度，也就是最能够体现它特色的一面，而另一方面，不同的摄影师有各自的观点，选择与其他人不同的角度来体现心中的“鸟巢”体现着摄影者的个性。

不同的角度呈现出不同的韵味

光圈：F8　快门速度：1/30s　感光度：ISO100　曝光模式：光圈优先
曝光补偿：0EV

开放式构图使画面显得饱满

光圈：F5.6　快门速度：1/125s　感光度：ISO100　曝光模式：光圈优先
曝光补偿：0EV

“鸟巢”作为一个具有国际顶尖艺术高度的建筑，充满了个性，为了突出其独特的造型，摄影者可以寻找独特的角度拍摄，或者在画面中加入其他的陪衬物来烘托主体或者渲染现场的氛围。

朦胧的月色为夜晚的鸟巢增添了几丝浪漫气息

光圈：F11 快门速度：1/125s 感光度：ISO100 曝光模式：光圈优先 曝光补偿：0EV

小船作为前景使夜景看上去十分惬意

光圈：F11 快门速度：1/8s 感光度：ISO100 曝光模式：光圈优先 曝光补偿：0EV

拍摄“鸟巢”时，水立方自然是不容错过的。夜晚的水立方在灯光的照明下看起来像是许许多多的水泡组合而成的，漂亮极了，由于水立方呈扁平立方体状，因此可以使用长方形构图来表现它的特色。

水立方夜景

光圈：F11 快门速度：1/4s 感光度：ISO100 曝光模式：光圈优先 曝光补偿：0EV

兰州夜风情

兰州市区地处黄河上游，被南北群山环抱，东西黄河穿城而过，具有带状盆地城市的特征，具有独特而美丽的城市景观。

拍摄兰州要拍出其特色，穿城而过的黄河水给兰州这座城市增添了灵气，拍摄时要抓住这一点。

拍摄要抓住城市的灵气

光圈：F11 快门速度：1/4s 感光度：ISO100 曝光模式：光圈优先 曝光补偿：0EV

兰州是古丝绸之路上的重镇，在促进中西经济文化交流中发挥了重要作用。历史在这里留下了众多名胜古迹，它们在五彩灯光的照射下十分美丽。拍摄时注意控制好画面的曝光，否则古建筑的细节将得不到好的表现。

曝光过度使建筑的细节得不到很好的表现

光圈：F8 快门速度：1/4s 感光度：ISO100 曝光模式：光圈优先 曝光补偿：0EV

正确的曝光可以展现更多的建筑物细节

光圈：F8 快门速度：1/8s 感光度：ISO100 曝光模式：光圈优先 曝光补偿：0EV

兰州的现代建筑物，在夕阳的照射下更显其立体感

光圈：F11 快门速度：1/60s 感光度：ISO100 曝光模式：光圈优先 曝光补偿：0EV

此外，可以使用相机白平衡对照片进行调整，或者使用软件来调整也非常方便。

另外，兰州这座历史悠久的城市有很多的亮点值得拍摄，因此，对于这座城市的景观，可以从不同的角度进行拍摄。

夜晚的古建筑在灯光的照耀下绚丽多彩

光圈：F11 快门速度：1/8s 感光度：ISO100 曝光模式：光圈优先 曝光补偿：0EV

■ 图片提示

1. 使用广角，使相机尽可能靠近被拍摄体
2. 使用慢速快门进行拍摄

利用广角镜头拍摄能够表现建筑物的高大

光圈：F11 快门速度：1/125s 感光度：ISO100 曝光模式：光圈优先 曝光补偿：0EV

拉萨高原风情

拉萨作为西藏自治区首府，是一座历史悠久的古城，位于雅鲁藏布江支流拉萨河北岸，长期以来就是西藏政治、经济、文化、宗教的中心，雄伟壮丽的布达拉宫是拉萨的象征。拍摄时要抓住拉萨佛教圣地的特色。

宏伟的拉萨布达拉宫

光圈：F16 快门速度：1/125s 感光度：ISO100 曝光模式：光圈优先 曝光补偿：0EV

要想拍好这座历史名城，就必须先了解拉萨的历史，拉萨是从公元7世纪起逐步修建而成的。在一般人的印象中，拉萨是由布达拉宫、八廓街（八角街）、大昭寺、色拉寺、哲蚌寺以及拉萨河构成的，但西藏人认为，严格意义上的“拉萨”应是指大昭寺和围绕大昭寺而建的八廓街，只有到了大昭寺和八廓街，才算到了真正的拉萨。所以，拍摄拉萨时不要遗忘了这些建筑。

古老的大昭寺是拉萨的标志性景观

光圈：F16

快门速度：1/50s

感光度：ISO100

曝光模式：光圈优先

曝光补偿：0EV

拍摄布达拉宫需要摄影者在日落之前到达拍摄地点，并提前架好相机，做好拍摄的准备，然后等灯光全部打开，在现场的光线效果达到最精彩的时刻进行拍摄，即天空将暗未暗的时候。如果过早进行拍摄，拍摄不出夜晚的感觉，如果过晚拍摄，天空将没有一丝光亮，看起来漆黑一片。

西藏拉萨绚丽夜景

光圈：F16 快门速度：1/4s 感光度：ISO100 曝光模式：光圈优先 曝光补偿：–0.7EV

拍摄布达拉宫时可以借助周围的景观来增加布达拉宫的魅力，比如在平静的夜晚利用湖面的反射拍摄布达拉宫的倒影，同时将岸边的树木也一同拍摄进来，为高原中的布达拉宫增添几分雅致。

利用湖面倒影衬托布达拉宫的壮观

光圈：F5.6

快门速度：1/40s

感光度：ISO100

曝光模式：光圈优先

曝光补偿：–0.7EV

■ 图片提示

1. 使用广角，使相机尽可能靠近被拍摄体
2. 使用慢速快门拍摄
3. 使用小光圈进行拍摄

建筑明信片

建筑明信片通常是用来对某一地区的建筑特色和建筑风格起到宣传作用的一种明信片。这种建筑明信片通常基调明朗、色彩鲜明、主体突出，构图较完美，能够利用光线来突出建筑物立体感，同时体现出建筑的特点。

建筑明信片是用来宣传建筑特色和建筑风格的明信片

光圈：F16　快门速度：1/125s　感光度：ISO100　曝光模式：光圈优先　曝光补偿：0EV

拍摄建筑明信片时，首先要确保其拥有明朗的影调和鲜明的色彩，因此最好在晴朗的天气里进行拍摄，可以利用天气预报掌握天气情况。蓝天白云作为背景拍摄建筑风光较容易拍摄出好照片，而且明亮光线照射下的照片色彩也会非常好。

以蓝天白云为背景

光圈：F11　快门速度：1/125s　感光度：ISO100　曝光模式：光圈优先　曝光补偿：0EV

光线明亮，色彩感觉很好

光圈：F11　快门速度：1/250s　感光度：ISO100　曝光模式：光圈优先　曝光补偿：0EV

建筑明信片通常应该有一个主体建筑，或者主体建筑群。如果明信片是为了表现单个建筑和它周围的环境，则要将这一建筑作为画面的主体，并将周围的环境——蓝天、地面和周围的其他的建筑一同构入画面，但是要记住切勿喧宾夺主，它们只能够作为主体建筑的陪衬物而存在。如果拍摄建筑群，应该选择好的组合、好的角度进行拍摄。

切勿让旁边的景物抢了风头

光圈：F11　快门速度：1/125s　感光度：ISO100　曝光模式：光圈优先　曝光补偿：0EV

主体要突出

光圈：F11　快门速度：1/125s　感光度：ISO100　曝光模式：光圈优先　曝光补偿：0EV

任何一个建筑都有其特点，特点的形成来源于各方面的影响，包括建筑的功用、建筑所处的位置、建筑所处区域的风俗习惯和建筑周围的环境，这些因素都不同程度地影响到建筑的形状、色彩和风格，因此从某种意义上来说建筑物可以体现所处地区的很多信息。因此拍摄时应该选择好的角度、好的光线和好的构图，准确表现出建筑的特色。

利用天空中的云彩来增加画面的戏剧性以表现建筑的特色

光圈：F11　快门速度：1/125s　感光度：ISO100　曝光模式：光圈优先　曝光补偿：0EV

不朽的古迹

之所以称古迹为“不朽的古迹”，主要是由于这些古迹大多年代久远，承载了太多故事，见证风云变换而依然矗立。人们对古迹历史的探寻使古迹成为常见的摄影对象。

古迹是常见的摄影对象

光圈：F11 快门速度：1/125s 感光度：ISO100 曝光模式：光圈优先 曝光补偿：0EV

古迹经常位于树木较多的地方，或处于树荫下，光线条件往往达不到我们手持拍摄时所需要的水平，因此最好使用三脚架进行拍摄。使用三脚架最重要的是保持相机的水平和相机的稳定性。当相机三脚架放置在松软的树叶堆上或者柔软的地面上时，就需要将之向下按一按以稳定三脚架。

光线较暗时使用三脚架拍摄，能够保证在使用较慢快门速度时图像的清晰

光圈：F11 快门速度：1/15s 感光度：ISO100 曝光模式：光圈优先 曝光补偿：0EV

将树枝作为前景拍摄

光圈：F11 快门速度：1/15s 感光度：ISO100 曝光模式：光圈优先 曝光补偿：0EV

拍摄古迹时可以使用对比的手法。寻找遗迹中可以与周围环境形成鲜明对比的场景进行拍摄，可以将破旧不堪的拱门或者窗户作为取景对象。或者还可以拍摄古迹与大自然的逐渐合二为一的场景，体现出大自然的无限力量。拍摄时要巧妙地处理好拍摄时的光线，研究光线和阴影的投射方向，营造出一种古旧的氛围。

拍摄造型独特的拱门

光圈：F11 快门速度：1/125s 感光度：ISO100 曝光模式：光圈优先 曝光补偿：0EV

为了营造古旧的照片氛围，我们可以用两种方法为照片调整色调。一种是将遗迹照片处理成老照片的效果，即一种单色的褐色调照片。可以利用后期软件先将照片处理成黑白的，然后再调整其色调。另一种是调整相机的白平衡或者在后期调整“色相”，从而调整彩色照片的色调，让照片整体偏向于一种色调，也是一种不错的效果。最常用的当然是把照片处理成黑白效果，以表现文物古迹的沧桑感。

调整出色调独特的彩色照片

光圈：F11 快门速度：1/125s 感光度：ISO100 曝光模式：光圈优先 曝光补偿：0EV

古旧色调的单色照片

光圈：F11 快门速度：1/125s 感光度：ISO100 曝光模式：光圈优先 曝光补偿：0EV

黑白照片非常适合拍摄古迹

光圈：F11 快门速度：1/125s 感光度：ISO100 曝光模式：光圈优先 曝光补偿：0EV

春色中的小城建筑

小城建筑摄影通常是大场面的，也可以以几个或者单个的小城建筑为拍摄对象。小城建筑群的拍摄主要用自然光，不同的光线照射时，建筑都会表现出不同的特色，或者说是不同程度的美。正面光照射的小城建筑颜色较平淡，侧面光照射的小城建筑有较强的立体感；通常最佳的照射角度是前侧光，前侧光照射下的小城建筑不仅有较强的明暗反差，而且对题材也能够有很好的表现；逆光虽然无法表现建筑的细部特征，但是能够勾勒出建筑的轮廓美。

正面光照射下建筑物较平淡

光圈：F5.6 快门速度：1/125s 感光度：ISO100 曝光模式：光圈优先 曝光补偿：0EV

逆光下的房屋很有特点

光圈：F5.6 快门速度：1/125s 感光度：ISO100 曝光模式：光圈优先 曝光补偿：0EV

侧面光线非常适合表现小城风光

光圈：F16 快门速度：1/40s 感光度：ISO100 曝光模式：光圈优先 曝光补偿：-0.7EV

在晴朗的天气里，光线强度较大，这样的光线照射下的小城建筑明暗反差大，立体感非常强，拍出的照片能够引人入胜。但是如果在阴天或者多云的天气里，小城将是另外一番景色，因为柔和的光线能够产生柔和的投影，再加上有时天空中的云彩投下的云影，小城有一种梦幻和浪漫的气息。

柔和光线下的小城富有梦幻和浪漫的气息

光圈：F16 快门速度：1/40s 感光度：ISO100

曝光模式：光圈优先 曝光补偿：-0.7EV

技巧提示

拍摄小城建筑时尽量在高视点进行拍摄，这样不仅能够拍摄到小城的全貌，而且还能够拍到更多的天空，如果天空中有漂亮的云彩做装饰，照片将会更加出色。

拍摄大场面，难免会遇到前景效果不理想的情况，这时摄影师应该观察现场情况，将不利因素转化为有利因素。例如利用现场光线造成的明暗来调整画面就是很好的方法，即当前景处于云影遮挡中，而小城处于阳光的普照中，这样的效果反而比那种没有遮挡的照片看起来更加耐人寻味，使画面主体更突出。值得注意的是，拍摄时应该以亮的区域来测光。

利用山的投影遮挡了前景中的景物，使得主体房屋更加突出

光圈：F11 快门速度：1/60s 感光度：ISO100 曝光模式：光圈优先 曝光补偿：0EV

■ 图片提示

1.使用广角，使相机尽可能靠近被拍摄体

2.使用慢速快门拍摄

3.使用大光圈进行拍摄

在日出和日落时分去拍摄小城建筑将会得到非常独特的画面，因为这两个时间段是一天中最富戏剧性变化的时刻。这两个时间段的光线照射角度非常类似，只是照射的方向不同而已，另外在色温上也稍有不同。小城风光在早晨光线的照射下会偏冷色调一些，而在日落时分则会偏暖色调一些。这两个时间段的光线照射角度低，高低起伏的建筑轮廓线成了主要的视觉要素，而建筑的空间、质感、色彩渐渐被隐没在阴影之中。如果这时有朝霞或者晚霞出现，那会为画面增色不少，在拍摄时一定要多观察云层的位置和造型，抓住机会拍摄出最美的画面。

几乎每个小城都有自己的特色，在拍摄完大全景之后，摄影者不妨去寻找一些有意思的细节为小城建筑来几个特写，这样的特写能够丰富照片风格，而且能够让欣赏者更加了解小城的特色。

朝霞下的小城建筑群

光圈：F5.6　快门速度：1/125s　感光度：ISO100　曝光模式：光圈优先　曝光补偿：0EV

小城建筑很有特色

光圈：F5.6　快门速度：1/125s　感光度：ISO100　曝光模式：光圈优先　曝光补偿：0EV

小城建筑内部很有生活气息

光圈：F5.6　快门速度：1/125s　感光度：ISO100　曝光模式：光圈优先　曝光补偿：0EV

地标性建筑的拍摄

在一个城市中地标性建筑是摄影者的必拍对象，由于拍摄者众多，要想拍摄出有独特画面感觉的照片是有一定难度的。尽管这些标志性的建筑在镜头前有很强的表现力，容易拍摄出比较美观的照片，但是如果摄影者依据习惯去拍摄它们，那么得到的一定是非常平庸的照片。因此建议摄影者在拍摄之前要对地标性建筑进行一番考察，这样才能够拍摄出独一无二的照片。

地标性建筑是不容错过的拍摄题材

光圈：F11 快门速度：1/125s 感光度：ISO100 曝光模式：光圈优先 曝光补偿：0EV

当我们来到一个城市时，拍摄其地标性的建筑首先应该对其进行一番考察。不过聪明的朋友都知道，所有城市中的地标性建筑都大体相似，不受干扰的视角不多，所以大多数人拍摄的照片看起来都十分相似。

常规正面角度拍摄的照片

光圈：F11 快门速度：1/125s 感光度：ISO100 曝光模式：光圈优先 曝光补偿：0EV

常规斜侧面角度拍摄的照片

光圈：F11 快门速度：1/125s 感光度：ISO100 曝光模式：光圈优先 曝光补偿：0EV

在前面的拍摄中，我们以寻常的角度来拍摄标志性建筑，得到了中规中矩的效果。在这种拍摄的基础上，我们应该进行第二次拍摄，这一次要避免寻常的角度，而要选择一些看起来比较独特的角度进行拍摄，这样拍出来的照片才是难得的好照片。

利用大面积的天空来构图拍摄的独特的照片

光圈：F11 快门速度：1/125s 感光度：ISO100 曝光模式：光圈优先 曝光补偿：0EV

还有一种能够得到较独特的地标建筑照片的方法是在拍摄时尽量向后退，在照片中加入其他地标性的建筑或者景物，就可以避免拍摄出平淡无奇的照片；或者将这些景物与地标建筑组成巧妙的构图，拍摄出别具风味的地标建筑照片。

利用竖幅构图拍摄并在画面中加入人物

光圈：F11 快门速度：1/30s 感光度：ISO100 曝光模式：光圈优先 曝光补偿：0EV

落日余晖下的地标建筑

光圈：F11 快门速度：1/125s 感光度：ISO100 曝光模式：光圈优先 曝光补偿：0EV

独特的城市轮廓

轮廓一般指的是一个物体的外边缘的形状。城市有自己独特的轮廓。有很多大城市都面向一片广大水域，有的是大海，有的是大江大湖，到水面的另一端去寻找使城市一览无余的视角是最好的办法，比如我们可以乘坐渡轮或者游轮去拍摄。

值得拍摄的城市轮廓

光圈：F11 快门速度：1/125s 感光度：ISO100 曝光模式：光圈优先 曝光补偿：0EV

如果乘坐渡轮或者游轮进行拍摄，一定要注意保持拍摄的稳定，采用双脚叉开、放松的站立姿势，减少因船身的摇晃带来的晃动。如果摄影者靠在船边，更会加重相机的晃动，这时最好打开相机的防震动功能，以保证得到清晰的照片。

乘坐船只拍摄时要注意相机的稳定性

光圈：F8
快门速度：1/250s
感光度：ISO100
曝光模式：光圈优先
曝光补偿：0EV

另外，船体的晃动幅度通常较大，很容易导致拍摄的景物发生倾斜，就算船体较稳，也难以保证拍摄出非常有水平的照片。因此在拍摄时尽量保持水平，并且应该将景别增大，如果照片发生倾斜，可以在后期对其进行调整和裁切。

由于船只晃动而导致照片倾斜

光圈：F11　快门速度：1/125s　感光度：ISO100　曝光模式：光圈优先
曝光补偿：0EV

后期处理后的城市轮廓照片

光圈：F11　快门速度：1/125s　感光度：ISO100　曝光模式：光圈优先
曝光补偿：0EV

为了使城市轮廓更加富有人情味，我们可以在画面中添加其他的陪衬物，或者将游人一同放入画面中，但是在构图时一定要努力将照片中的主体与陪衬进行融合，或者抓住某一独特的瞬间，增强画面的视觉效果。

城市轮廓剪影照片富有人情味

光圈：F11　快门速度：1/250s　感光度：ISO100　曝光模式：光圈优先
曝光补偿：0EV

在画面中加入一些陪体丰富画面

光圈：F11　快门速度：1/125s　感光度：ISO100　曝光模式：光圈优先
曝光补偿：0EV

车上拍摄城市建筑

在生活水平不断提高的今天，很多人都将汽车作为代步工具，可以说在快节奏的城市中，人们的很多时间都会在汽车上度过，但是这样平常的事情反而被很多人忽视，并没有认识到这是一个理想的拍摄地点。其实乘车时可以环顾四周，随时准备按动快门，享受拍摄的乐趣，如果拥有丰富的拍摄经验，那么就不难发现好的拍摄题材。

把相机随时拿在手中，不放过任何一个美好的瞬间

光圈：F8　快门速度：1/250s　感光度：ISO100　曝光模式：光圈优先　曝光补偿：0EV

在汽车上往往只能够隔着车窗玻璃进行拍摄，但相对粗糙的玻璃会降低影像质量，我们可以尽量减少这种影响，做法就是将相机靠近车窗玻璃，但是不要靠得太近，否则会很危险，所以应在保证安全的情况下再进行拍摄。

透过玻璃拍摄会降低影像质量

光圈：F8　快门速度：1/125s　感光度：ISO100　曝光模式：光圈优先　曝光补偿：0EV

将相机靠近车窗玻璃拍摄出的效果

光圈：F11　快门速度：1/125s　感光度：ISO100　曝光模式：光圈优先　曝光补偿：0EV

在车内拍摄街景时要注意奇妙地利用汽车本身来进行构图，可以将车体窗户作为取景框来拍摄画中画，或者利用汽车的后视镜来拍摄独特的画面。

用车体来分割画面

光圈：F8 快门速度：1/250s 感光度：ISO100 曝光模式：光圈优先 曝光补偿：0EV

车体窗户作为取景框

光圈：F8 快门速度：1/250s 感光度：ISO100 曝光模式：光圈优先 曝光补偿：0EV

乘坐汽车时会遇上很多有意思的事情，有条件则可以让司机按照你的意愿来开车。并且乘车时拍摄与行走拍摄有很大的不同，乘车是会有很多有趣的视角，特别是高速行驶时或者通过一些隧道和行人不能到达的地方时。乘坐汽车时视线可高可低，拍摄出来的照片有一种与众不同的观感。

拍摄隧道景观时，应该让观者真实地看到它的样子。因此画面的构成和透视的处理就显得非常重要，首先在构图时要保证地面和墙的平整，尽量选择合适的角度，并充分利用器材中的功能，将画面调整到最佳状态。隧道摄影的透视处理是非常重要的。透视线的处理能够更好地表现隧道的空间感，另外还可以在隧道中加入一些来往的车辆，这样能够表现出很强的空间纵深感，又能够丰富画面。

画面感很强的隧道摄影

光圈：F11
快门速度：1/125s
感光度：ISO100
曝光模式：光圈优先
曝光补偿：0EV

在汽车内拍摄城市街景很容易遇到视角平平、不够新颖的情况，不能够较好地表现我们看到的场景，这时可以将相机焦距调短，将车内的一些景物也纳入画面中，这样能够形成一种有趣的视角。此外在行驶的车内拍摄街景时，很容易引起相机晃动，可以设置高感光度进行拍摄以取得更快的快门速度。

将镜头焦距段调小，能使画面形成框架式结构

光圈：F8 快门速度：1/250s 感光度：ISO100 曝光模式：光圈优先 曝光补偿：0EV

抽象景观

现代建筑为都市增色不少，也成为我们拍摄的好题材

光圈：F11 快门速度：1/125s 感光度：ISO100 曝光模式：光圈优先 曝光补偿：0EV

很多城市中有一些比较抽象的现代建筑，这些形状怪异的现代建筑为我们提供了一场视觉盛宴，让人大饱眼福，这些结构巨大、富有活力的建筑不仅为城市增添了趣味，也为人们的生活带来很多的便捷。对于摄影来说，这样的建筑是很好的拍摄对象，但是拍摄的关键在于怎样在画面中表现建筑自身最突出的特点。

利用天空表现建筑的特色

光圈：F8 快门速度：3.2s 感光度：ISO100 曝光模式：光圈优先 曝光补偿：0EV

为了拍摄建筑的抽象细节，应该使用中焦或者长焦镜头进行拍摄，另外为了获得较好的画质表现，应该将相机设置为最佳影像质量和最大分辨率。

使用长焦镜头拍摄局部抽象的照片

光圈：F11 快门速度：1/125s 感光度：ISO100 曝光模式：光圈优先 曝光补偿：0EV

将相机设置为最佳画质来表现建筑物的质感和色彩

光圈：F11 快门速度：1/125s 感光度：ISO100 曝光模式：光圈优先 曝光补偿：0EV

在车水马龙的现代化都市中，拍摄建筑物难免会有很多困难，如果拍摄时离建筑的位置足够远，会遇到很多障碍物，摄影者可能不得不到车辆繁多的街道上。其实完全可以走进建筑物仔细地观察，然后再利用不同焦距的镜头进行拍摄。

用长焦镜头拉近建筑物的局部拍摄

光圈：F11　快门速度：1/125s　感光度：ISO100　曝光模式：光圈优先
曝光补偿：0EV

利用水面的反射拍摄

光圈：F11　快门速度：1/125s　感光度：ISO100　曝光模式：光圈优先
曝光补偿：0EV

拍摄抽象景观时可以利用现场的一些现成条件，例如艳阳高照时可以利用强烈的阳光来拍摄高楼的剪影照片，或者可以避开它，尝试其他的拍摄方式。

光圈：F8　快门速度：1/125s　感光度：ISO100　曝光模式：光圈优先
曝光补偿：0EV

借助不同现场环境拍摄建筑物的局部照片

光圈：F8　快门速度：1/125s　感光度：ISO100　曝光模式：光圈优先
曝光补偿：0EV

光圈：F8　快门速度：1/250s　感光度：ISO100　曝光模式：光圈优先
曝光补偿：0EV

展现建筑内部结构

建筑物的室内空间都是按照它的用途来设计的，拍摄建筑物的内景时可从建筑设计师的角度出发，观察设计师怎么看待这个建筑，以便找到一个最佳的拍摄角度。这时建筑物内部的整个场景就会在画面内形成一幅完美的图画，如果能够碰到好的光线和好的时机就会成就一幅完美的照片。

拍摄建筑物的内景时应该从建筑设计师的角度出发

光圈：F8 快门速度：1/60s 感光度：ISO100 曝光模式：光圈优先 曝光补偿：0EV

拍摄大型建筑的内部场景可以说是一件不容易的事情，但是我们可以利用一些技巧使拍摄过程变得简单。首先在拍摄前要对建筑内部进行一番观察，然后寻找可以提供最佳拍摄角度的位置，如果现场有很多人，更应该注意避开喧闹的人群，避免人们撞翻相机，或者干脆不使用三脚架，将相机固定在一个位置。

寻找适当的位置拍摄

光圈：F8 快门速度：1/60s 感光度：ISO100 曝光模式：光圈优先 曝光补偿：0EV

避开人多的地方拍摄

光圈：F11 快门速度：1/60s 感光度：ISO100 曝光模式：光圈优先 曝光补偿：0EV

拍摄建筑物内部照片时最常见的问题就是光线不足，这可能会导致照片的曝光不足。如果采用提高感光度的方法来充分利用光线也会是一种不错的方式，但是那样会令曝光时间太短，导致拍摄的景物或者人们模糊。因此建议调整感光度，使用高感光度进行拍摄即可以得到准确的曝光使影像清晰。

光线不足导致影像模糊

光圈：F5.6 快门速度：1/30s 感光度：ISO100 曝光模式：光圈优先 曝光补偿：0EV

提高感光度拍摄的室内环境

光圈：F5.6 快门速度：1/125s 感光度：ISO800 曝光模式：光圈优先 曝光补偿：0EV

使用三脚架拍摄的室内环境照片

光圈：F11 快门速度：1/15s 感光度：ISO100 曝光模式：光圈优先 曝光补偿：0EV

拍摄建筑物的内部空间时，通常会受到空间限制而不能够拍摄摄影者想要的全部场景，这时可以使用广角镜头进行拍摄。拍摄时最好使用三脚架，架好相机，然后利用外置水平仪将相机调整至水平，或者利用相机取景窗内的参考线来调整相机的水平，使被摄景物的水平线条保持水平而垂直线条保持竖直，由于使用三脚架时相机可以稳定，所以不必使用高感光度进行拍摄，而应使用长时间曝光的方式。同时，把握好拍摄的时机，安排好画面中的各个元素，拍摄出和谐、完美的照片。

拍摄横平竖直的室内建筑景观

光圈：F8 快门速度：1/30s 感光度：ISO100 曝光模式：光圈优先 曝光补偿：0EV

在某些建筑物内，光线非常昏暗，即使将感光度调高也无法得到清晰的影像，在这样的情况下，我们只能够使用三脚架来进行拍摄了。但有些地方不允许使用三脚架，那么可以在拍摄现场找一些适合放置相机的位置，也同样能够拍出清晰的照片。

如果一些建筑内部不允许使用三脚架进行拍摄，可以利用现场的条件来放置相机

光圈：F8 快门速度：1/30s 感光度：ISO100 曝光模式：光圈优先 曝光补偿：0EV

在拍摄建筑内部结构时，尽管有时光线较暗，但最好还是不要打开闪光灯，如果打开闪光灯，反而会破坏现场的气氛，因此建议将相机闪光灯关闭。这也是拍摄建筑内部空间的常用方法。

使用闪光灯拍摄的室内照片

光圈：F11 快门速度：1/60s 感光度：ISO100 曝光模式：光圈优先 曝光补偿：0EV

使用三脚架进行长时间曝光拍摄的照片

光圈：F11 快门速度：1/30s 感光度：ISO100 曝光模式：光圈优先 曝光补偿：0EV

如果拍摄建筑物的顶棚，可以将相机放置在地面上。但使用这样的拍摄方法很难预料照片构图是否达到自己想要的效果。因此应该将相机置于较广的焦距视角上，然后旋转多个角度进行拍摄，我们再在后期中筛选。

使用较大的视角拍摄的顶棚照片

光圈：F11 快门速度：1/30s 感光度：ISO100 曝光模式：光圈优先 曝光补偿：0EV

使用较长焦距、较大视角拍摄的顶棚照片

光圈：F11 快门速度：1/15s 感光度：ISO100 曝光模式：光圈优先 曝光补偿：0EV

新旧建筑对比

在高速发展的现代都市中，新旧高层建筑已经成为城市的一大风景。

充满古典气息的建筑和充满现代艺术气息的摩天大楼并肩而立

光圈：F11 快门速度：1/250s 感光度：ISO100 曝光模式：光圈优先 曝光补偿：0EV

我们应该事先对这一城市的坐标和方位及其风俗习惯有一定的了解，便有计划地拍摄。寻找那些有古老建筑的街道，并注意他们的周边是否有新近建起的高层建筑，因为这样的场所最适合拍摄这一类照片。

在拍摄城市新旧建筑对比照片时，我们可以在城市有古建筑的街道走走，围绕它们寻找不同的视角。拍摄时要有开阔的思路，从不同的角度看，即使在常见的地方也可能拍摄出好的照片。

从不同的角度拍摄会得到意想不到的效果，如这张照片中的高层楼房似乎是从老房子中长出来的

光圈：F8 快门速度：1/250s 感光度：ISO100

曝光模式：光圈优先 曝光补偿：0EV

将一座城市中的古老建筑与现代建筑一并摄入画面时，独特的画面感觉能够给人一种少有的吸引力。拍摄新旧建筑对比照片时，通常使用广角镜头进行拍摄可以得到不错的效果。因此建议将相机调整到广角端进行拍摄，并将焦距固定，这样也可以免去不断调整相机焦距带来的麻烦，而专心地进行构图，易于拍摄出好的照片。

使用广角镜头拍摄新旧建筑的对比能得到更好的效果

光圈：F11 快门速度：1/80s 感光度：ISO200 曝光模式：光圈优先 曝光补偿：0EV

新旧建筑的拍摄也要遵循建筑摄影的一般规律，在平面中表现立体的东西，所以透视的处理非常重要。透视的处理以能够更好地表现建筑的空间感为目标，不管是单透视点或多透视点，只要能够表现出非常合适的空间纵深即为最佳。另外可以寻找建筑最有代表性的细节，将它们放入画面，这样的效果也是不错的。

构图的巧妙安排是让新旧建筑形成有趣对比的画面效果的重要方法。在拍摄时要学会利用现场的实际情况进行安排，可以选取新旧建筑能展示自身特点的部位，将它们放置到同一画面内，这就达到了对比的效果。

选取新旧建筑最有代表性的地方来拍摄

光圈：F8

快门速度：1/125s

感光度：ISO100

曝光模式：光圈优先

曝光补偿：0EV

拍摄建筑照片时，还可以尝试拍摄画面倾斜的照片，适当倾斜一个角度拍摄建筑物，同样也能拍出好照片，得到不同以往的效果。

倾斜的拍摄可以得到不同以往的效果

光圈：F8 快门速度：1/250s 感光度：ISO100 曝光模式：光圈优先 曝光补偿：0EV

桥梁建筑的拍摄

从古至今，很多诗人都在诗句中描写到桥，可见桥是一个非常生活化的事物。桥不仅从地理上拉近我们的关系，而且也是连接人们生活的纽带。无论是几百上千年前的古桥或是新建的桥梁；木桥、石桥或者是金属桥梁，拱桥、吊桥或者是悬臂桥，都成为我们绝佳的摄影题材。那么寻找桥梁的拍摄方式是值得研究的一个课题。

乡村小桥颇有一种难得的诗情画意

光圈：F8 快门速度：1/125s 感光度：ISO100 曝光模式：光圈优先 曝光补偿：0EV

桥梁的拍摄从感受它开始，为了达到最好的拍摄效果，应该采用步行的方式去寻找桥梁最有魅力的地方。行走时应该轻装上阵，将相机拿在手中，随时准备抓拍美好的瞬间。

采用步行的方式来感受桥梁

光圈：F11 快门速度：1/125s 感光度：ISO100 曝光模式：光圈优先 曝光补偿：0EV

从远处拍摄桥梁

光圈：F11 快门速度：1/125s 感光度：ISO100 曝光模式：光圈优先 曝光补偿：0EV

桥梁是富有韵律美的一种建筑，它的结构一般较为复杂，拍摄者要突出它的特点，巧妙地安排任何有意思的结构。这需要一定的美学基础，只要多加练习，一定能够拍摄出令人赞叹的好照片。另外还可以利用桥梁制造一些奇特的画面，抓住观众的眼球，譬如利用流线型的桥梁构成画中画。

使用长焦镜头拍摄桥梁局部的照片

光圈：F11 快门速度：1/8s 感光度：ISO400 曝光模式：光圈优先 曝光补偿：0EV

利用桥身制造画中画

光圈：F11 快门速度：1/125s 感光度：ISO100 曝光模式：光圈优先 曝光补偿：0EV

桥梁的设计与构造一般与它周围的环境相辅相成，小型桥梁一般位于乡村小镇上，大一点的桥梁处在中型城市中，而大型的设计怪异的或者有着现代气息的桥梁一般是在大型的城市当中。拍摄桥梁时，除了桥梁外还应该在画面中添加其他的景物，并且让桥梁与周围的环境融为一体。也可巧妙地利用桥梁的一些独特的位置，在画面中形成有意思的点，即画面的兴趣点。

利用桥梁周围的环境营造富有诗情画意的画面

光圈：F16 快门速度：10s 感光度：ISO100 曝光模式：光圈优先 曝光补偿：0EV

桥梁是人们生活中常见的事物，可以借拍摄桥梁来展现桥梁上的人们的生活片段。比如，可以表现桥上的行人、车辆、还有桥梁的结构和地理位置，尤其是桥的不同结构对人们的生活带来的影响。

桥梁上的行人

光圈：F11 快门速度：1/125s 感光度：ISO100 曝光模式：光圈优先 曝光补偿：0EV

桥的不同结构对人们的生活的影响

光圈：F11 快门速度：1/125s 感光度：ISO100 曝光模式：光圈优先 曝光补偿：0EV

技巧提示

拍摄桥梁上的人们的生活片段时，可以采用多种的视角和多种景别来展现人们生活的不同方面，或者利用不同焦距的镜头，如广角镜头，表现人们和桥梁的关系；或用长焦镜头来拍摄行人的表情或者肢体语言，表现他们的心理状态；还可以将这些照片连接起来组成一组有故事性的照片，那就更加有意思了。

拍摄大型桥梁时使用广角镜头或者超广角镜头可以得到很好的效果，如使用超广角镜头拍出的画面有张力，视觉冲击力强，容易引起观众的共鸣。但是超广角镜头拍摄非常容易出现畸变的问题，不过这些问题在数码时代已经能得到有效解决，我们可以通过软件对照片进行后期调整。

超广角镜头拍摄非常容易出现畸变的问题

光圈：F11 快门速度：1/125s 感光度：ISO100 曝光模式：光圈优先
曝光补偿：0EV

可以通过后期调整来改善和修正

光圈：F11 快门速度：1/125s 感光度：ISO100 曝光模式：光圈优先
曝光补偿：0EV

一些大型的悬吊式桥梁结构复杂，但很有韵律美，在拍摄时可以采取局部拍摄法来截取桥身上富有美感的部位，或者减少曝光来拍摄桥梁的剪影效果，相信这样富有形式感的照片一定能够抓住人们的眼球。

采取局部拍摄法来截取桥身上富有美感的部位

光圈：F11 快门速度：1/125s 感光度：ISO100 曝光模式：光圈优先
曝光补偿：0EV

富有形式感的照片一定能够抓住人们的眼球

光圈：F11 快门速度：1/125s 感光度：ISO100 曝光模式：光圈优先
曝光补偿：0EV

立交桥是城市发展到一定程度而产生的，它的作用是为了缓解交通的拥堵。不过立交桥除了自身能够带给我们便捷之外，还为我们的城市增添了视觉上的美感。甚至有一些立交桥的造型能够给我们以美的享受。在拍摄立交桥时如果想要表现其整体的结构特征，可以在较高的视角向下俯拍。当然乘飞机拍摄是最好的方法，但是这样的机会并不多，我们可以选择一些立交桥附近的高层建筑，在高层建筑上拍摄。在俯拍的时候，往往使用交叉构图方式，这样的构图可以体现出立交桥交错复杂的构造，而且容易表现出方向感，使画面具有一定的动态特征。

在高层建筑上俯拍立交桥

光圈：F8 快门速度：2s 感光度：ISO100 曝光模式：光圈优先 曝光补偿：0EV

仰拍也是对桥梁较好的一种表现角度，这种角度适合对桥梁的局部结构进行表现。可以使用对角线构图方法进行画面安排。对角线构图更适合表现桥梁的空间透视感，让桥梁在画面上显得深远悠长。仰拍的优点是可以以天空作为背景，使桥梁处于逆光的状态，这样不仅可以得到简洁的画面，还可以使桥梁在天光下形成清晰的轮廓，形态更突出、明晰。

■ 图片提示

1. 使用广角拍摄
2. 将简洁的天空作为画面背景
3. 可以拍摄剪影效果
4. 曝光适当降低增加天空的层次感

逆光拍摄得到简洁的画面

光圈：F8 快门速度：1/15s 感光度：ISO100 曝光模式：光圈优先 曝光补偿：0EV

落日下的城市建筑

落日时分是一天中光线最奇妙的时刻，也是很好的拍摄时间。拍摄落日，地点和时间的选择是首要的问题。城市中拍摄落日与野外拍摄落日有一些不同之处。城市落日的拍摄会退到很多地理上的不利因素，比如说要解决建筑物的遮挡问题。

城市中的日落风光别有一番韵味

光圈：F11 快门速度：1/125s 感光度：ISO100 曝光模式：光圈优先 曝光补偿：0EV

在拍摄城市落日风光的时候，地点最好选择在一个视野开阔的位置，像高层建筑和塔楼的顶部，这些都是可以看到完美的落日的地方。

在高塔上或者飞机上拍摄可以得到最佳效果

光圈：F4 快门速度：1/500s 感光度：ISO100 曝光模式：光圈优先 曝光补偿：0EV

使用广角镜头拍摄余晖中的城市景观

光圈：F11 快门速度：1/125s 感光度：ISO100 曝光模式：光圈优先 曝光补偿：0EV

拍摄落日下的建筑时，应该在日落前就到达拍摄地点并找准自己的位置。建议大家在日出前一小时就到达拍摄地点，支好三脚架，架好相机，做好一切准备，然后等到好的光线和好的画面出现时，只需要按下快门就行了。

应该在好天气里赶在傍晚之前到达拍摄地点

光圈：F8 快门速度：1/250s 感光度：ISO100 曝光模式：光圈优先 曝光补偿：0EV

提前做好拍摄准备，在好的画面出现时立即按下快门

光圈：F11 快门速度：1/125s 感光度：ISO100 曝光模式：光圈优先 曝光补偿：0EV

日落的过程非常短暂，我们需要抓紧时间拍摄，而且应该多拍一些，从中选择好的照片。

画面截取不够美观

光圈：F11 快门速度：1/125s 感光度：ISO100 曝光模式：光圈优先 曝光补偿：0EV

选择好构图拍摄

光圈：F11 快门速度：1/125s 感光度：ISO100 曝光模式：光圈优先 曝光补偿：0EV

拍摄落日下的建筑的同时，我们还有可能遇上漂亮的晚霞，晚霞的拍摄时间和日落的拍摄时间基本上是同一时间段，通常在日落后半小时可以拍摄到晚霞。晚霞的风光也是非常有戏剧性的风光，傍晚的光线非常柔和，透过复杂的云层发散出来得到一种非常神秘的感觉。这也是晚霞的迷人之处。

城市上空的晚霞

光圈：F11 快门速度：1/125s 感光度：ISO100 曝光模式：光圈优先 曝光补偿：0EV

怎样拍摄摩天大厦

当你走在一个摩天大楼林立的大型都市的街头，免不了被这些高层的建筑所吸引，仰头向上望去，这些高层的建筑所形成的透视感觉更是给人以非常强的视觉冲击力，再加上那些具有很强形式感和对称性的图案、生动的光线和质感各异的建筑，用相机拍摄下这些不停变化的绚烂的景色是不容忽视的事情。

用相机拍摄下摩天大厦和周边绚烂的景色是不容忽视的事情

光圈：F8 快门速度：1/125s 感光度：ISO100 曝光模式：光圈优先 曝光补偿：0EV

天空的成为画面中不可多得的一个亮点

光圈：F11　快门速度：1/125s　感光度：ISO100　曝光模式：光圈优先
曝光补偿：0EV

将曝光降低两到三挡，得到曝光适度的天空

光圈：F11　快门速度：1/125s　感光度：ISO100　曝光模式：光圈优先
曝光补偿：0EV

通常在拍摄摩天大厦时，我们会采取仰拍的方式，那么天空自然就成为画面中的一部分，天空的空白就会成为画面中不可多得的一个亮点。这个亮块的曝光是最难把握的，因为通常天空的光线会非常强烈，并且有时候太阳正当空时，亮度更是过高，那么这时未免会发生曝光过度的现象，画面中天空的位置将会白茫茫的一片；如果不想要这种效果，可以将曝光降低两到三挡，这样天空的曝光将会适度，而楼层很可能会成为一个个的剪影效果，有时这种效果的照片将会给你带来意想不到的惊喜。

仰视拍摄摩天大厦时，角度和位置的选择会稍有一些难度，因为很可能被这种拍摄姿势弄得筋疲力尽，也可能会认为在离建筑物远一些的位置更容易拍摄，其实不然，这种照片往往在建筑物的近前会更加容易拍摄，或者干脆就靠在或者趴在建筑物外墙上进行拍摄，这样一定能够获得满意的照片。

在建筑物的近前会更加容易拍摄

光圈：F11　快门速度：1/125s　感光度：ISO100　曝光模式：光圈优先
曝光补偿：0EV

不同的焦距用来表现不同的拍摄效果，利用广角镜头拍摄地面的树木，路标景物也收入画面中来，更增加了画面的趣味性，如果将闪光灯开启，会将近前的物体照亮，使画面更加生动。如果使用长焦镜头拍摄楼顶和天空将拍摄出非常富有构成感的画面。

广角镜头将路标景物也收入画面中来更增加了画面的趣味性

光圈：F11 快门速度：1/125s 感光度：ISO100 曝光模式：光圈优先 曝光补偿：0EV

从远处着眼拍摄大楼

光圈：F11 快门速度：1/125s 感光度：ISO100 曝光模式：光圈优先 曝光补偿：0EV

单一的摩天大厦构成的画面固然有它的可爱之处，但是有时也可以在画面中加入一些其他的视觉元素，比如桥梁等建筑的边缘，这些具有线条感的元素必然会为照片画面增添很多趣味。

添加恰当的抽象构成的元素必然会为照片画面增添很多趣味

光圈：F8 快门速度：1/250s 感光度：ISO100 曝光模式：光圈优先 曝光补偿：0EV

拍摄摩天大厦时可以利用大厦外部的玻璃墙面作为反光镜，对面的建筑通过玻璃墙面反射过来，形成奇异的画中画，如果碰上合适的时机，天空的云彩非常漂亮或者正好在楼宇间飞过一架飞机或其他的飞行物，比如飞鸟等，都会为画面增添无尽的乐趣。

利用大厦外部的玻璃墙面作为反光镜拍摄周围景物映入其中的奇特形态

光圈：F11 快门速度：1/250s 感光度：ISO100 曝光模式：光圈优先 曝光补偿：0EV

摩天大厦无疑给人以高大硬朗的印象，单一拍摄大厦给人以干脆利落之感，但是如果将大厦之间的树枝树叶一起拍摄下来，通过对比更加表现楼层的硬朗，也增加了画面的张力。

树枝和摩天大厦形成软硬对比

光圈：F11 快门速度：1/125s 感光度：ISO100 曝光模式：光圈优先 曝光补偿：0EV

技巧提示

在仰视拍摄摩天大厦时，一定要注意路上过往的行人和车辆，或者地面上的障碍物，避免被撞到或者绊倒，另外也要注意眼睛和脖子的休息，因为天空的强光很容易导致眩晕，而且这样的姿势久了也会造成颈椎的损伤，因此一定要在保证自身安全的基础上在进行拍摄，可以让一个伙伴或者朋友在旁边留意着路上的情况，那样就可以专心地拍摄了。

都市的全景和细节

如果你拍摄一个大城市的建筑景观，那么这座城市的俯视全景照片是不容错过的好题材，另外有全景必须得有细节，广阔的全景与细小的细节照片放在一起凸显这座城市的建筑特色。

城市的俯视全景照片是不容错过的好题材

光圈：F11　快门速度：1/125s　感光度：ISO100　曝光模式：光圈优先　曝光补偿：0EV

建筑上的雕像

光圈：F11　快门速度：1/125s　感光度：ISO100　曝光模式：光圈优先　曝光补偿：0EV

欧式建筑的圆顶

光圈：F11　快门速度：1/125s　感光度：ISO100　曝光模式：光圈优先　曝光补偿：0EV

在拍摄城市俯瞰全景照片时，首先寻找一个制高点是非常重要的，通常我们可以寻找高塔或者高层建筑顶层的平台来拍摄。这样我们可以不受任何限制地拍摄到城市的整个面貌。如果我们找不到这样的地方，或者有这样的地方却隔着玻璃等阻碍物，那也没有别的办法了，只能这样拍摄了。但是尽量靠近玻璃可以减小玻璃对于我们画质的破坏性影响。

夜景全景照片也是很好的题材

光圈：F8 快门速度：2s 感光度：ISO100 曝光模式：光圈优先 曝光补偿：0EV

除了拍摄城市的俯视全景照片外，还可以使用长焦镜头或者望远镜头拍摄一些城市的局部照片，或者靠近某个建筑进行拍摄。城市的建筑通过细节照片的表现，它独特的风格能够展示的更加明晰，可以将它们最有特色的地方拍摄下来。建筑是一种艺术，不论大的、小的，简单的、复杂的，简陋的、豪华的，都有其特点，在拍摄建筑时应该抓住这些富有特色的细节来表现这一建筑的风格。

建筑内部复杂的结构细节

光圈：F11 快门速度：1/60s 感光度：ISO100 曝光模式：光圈优先 曝光补偿：0EV

建筑物中的楼梯的线条造型构成一种节奏感

光圈：F11 快门速度：1/125s 感光度：ISO100 曝光模式：光圈优先 曝光补偿：0EV

第 5 章

捕捉个性！另眼看动物

可爱的小动物一直是许多摄影爱好者乐于拍摄的题材，因为它们是除了人类之外的最具灵气的生物。拍摄动物题材，必须明确要拍摄的动物种类与要表现的内容，确定一个主题，不断尝试新的拍摄方法，将动物独特的一面表现出来。

猫咪一家亲

猫咪是我们最喜欢的宠物之一，把可爱猫咪作为拍摄对象，为它们拍摄一些肖像照和生活照是非常有趣的事情，在工作之余可以让你紧张的情绪放松，也让你更加热爱生活中的点滴。

猫咪是一种十分可爱的动物，它那小巧的身型、灵动的眼神、憨态可掬的样子都能为我们的生活带来许多乐趣。猫咪天生好动，抓拍它的动态照片可以将这种好动的天性展现得淋漓尽致。因此，拍摄时要先学会和它玩耍，学会怎样逗它，这样才可以得到你想要的效果。

为猫咪拍摄一些肖像照和生活照是非常有趣的事情

光圈：F8 快门速度：1/125s 感光度：ISO100 曝光模式：光圈优先 曝光补偿：0EV

小动物往往都对机械有畏惧感，当我们拿着大大的相机接近它们时，它们会很紧张地趴下或者跑开，这样很不利于我们的拍摄。为了打消它们的戒备心，可以在拍摄之前就拿着相机与小猫玩耍一会儿，并不时地拍几张，或者闪几下闪光灯，同时拿玩具给它们玩耍并逗它们几下，或者喂它们一些好吃的零食，以便让它们适应相机的存在，这样到了实际拍摄的时候，它们就不会临场发挥失常了。

■ 图片提示

1. 使用长焦镜头拍摄
2. 使用快速快门拍摄

拍摄之前就拿着相机与小猫玩耍一会儿，以打消它的戒备心

光圈：F11 快门速度：1/60s 感光度：ISO100 曝光模式：光圈优先 曝光补偿：0EV

猫咪是一种爱动的动物，尽管我们使用的相机都已经很先进，但是在拍摄时还是很容易发生失焦的问题，这种情况很普遍。尤其是在户外拍摄奔跑的猫咪，当时觉得拍得还不错，小猫的动作、姿态都抓得比较好，但是将照片传到电脑上时才发现，有好多原以为很好的照片都没有将焦点对准在猫咪身上，非常遗憾。所以，要想拍摄好猫咪就应该在对焦上多下工夫，首先要选择适合的相机，并使用动态对焦模式进行拍摄，动态对焦模式在单反相机上都有。如果你的相机没有这一模式也不用担心，只需要稍加练习就会大大增加对焦的准确度。或者你还可以使用陷阱对焦的方式进行拍摄，即先将焦点对准在预想的距离上，这一距离是小猫将要通过的地方，然后半按快门等待，当小猫跑进你的画面时迅速按下快门完成拍摄。相信经过训练，你的拍摄就会有很大的成功率。

要想拍摄好猫咪就应该在对焦上多下工夫

光圈：F8 快门速度：1/125s 感光度：ISO100 曝光模式：光圈优先 曝光补偿：0EV

当你熟练掌握了对焦的技法之后，一定还要记得，应该将焦点对在猫咪身体的某个位置，这一点和拍摄人像有很大的相似性，拍摄人像时通常将焦点对准在人物的眼睛，拍摄小猫时也一样，应该将焦点对在小猫的眼睛，此外，如果你想要重点表现猫咪身体的其他部位，则可以将焦点对在要表现的那个部位。

应该将焦点对在小猫的眼睛部位

光圈：F11 快门速度：1/60s 感光度：ISO100 曝光模式：光圈优先 曝光补偿：0EV

想要重点表现猫咪身体的其他部位时，可以将焦点对在要表现的那个部位

光圈：F11 快门速度：1/60s 感光度：ISO100 曝光模式：光圈优先 曝光补偿：0EV

拍摄猫咪时要注意构图的经营，这也是一个比较容易忽略的问题，由于在拍摄时我们会把注意力放在抓拍和逗玩小猫上，因此就忘记了对构图的经营。许多人在拍摄时都会以为只要将小猫放在画面的中央就可以了，其实不然，虽然猫咪都比较小，但是并不是说只有一种构图方式，也不是只有一种景别，我们完全可以使用各种构图方式来拍摄。

竖幅的构图画面

光圈：F2.8 快门速度：1/125s 感光度：ISO100 曝光模式：光圈优先 曝光补偿：0EV

横构图表现小猫躺卧的姿态

光圈：F11 快门速度：1/60s 感光度：ISO100 曝光模式：光圈优先 曝光补偿：0EV

■ 图片提示

1.使用广角镜头拍摄

2.使用快速快门拍摄

在采取不同的构图方式时我们会注意到，由于景别的不同构图会发生很大的变化，因此在拍摄时我们要根据实际的情况使用不同的景别，如果要拍摄小猫可爱的神态和表情，则可以拍摄头部的特写，如果是拍摄场景中玩耍的小猫，则可以使用广角镜头来拍摄。

拍摄小猫安静时的姿态

光圈：F11 快门速度：1/125s 感光度：ISO100 曝光模式：光圈优先 曝光补偿：0EV

拍摄小猫玩耍中的动态

光圈：F11 快门速度：1/125s 感光度：ISO100 曝光模式：光圈优先 曝光补偿：0EV

有些小猫的模样特别可爱，拍摄时要重点表现出它可爱的一面，可以利用一些同样比较可爱的物件作为道具和场景来拍摄，例如找一些毛茸茸的毯子铺在桌子上，或者找一些布玩具和绒绒熊作为道具，这样拍摄的猫猫照片就显得温馨多了。

温馨的猫猫照片

光圈：F8 快门速度：1/125s 感光度：ISO100 曝光模式：光圈优先 曝光补偿：0EV

猫也是一种妖媚的动物，从这个角度出发也可以拍摄出不同效果的猫猫照片。妖媚的猫猫照片通常在猫咪昏昏欲睡时或者刚醒来时可以拍摄到，这个时候的猫咪看起来非常妩媚，如果伸个懒腰会更加妖媚多姿。

由于猫有不同毛色，这样拍摄时就应该注意曝光的问题，毛色过亮或者过暗都可能导致曝光不当，从而拍摄出偏暗或者偏亮的照片。因此拍摄时应该注意曝光的控制，如果宠物的毛色偏亮，则应该增加一到二挡的曝光补偿，如果毛色偏暗，则应该减少一到二挡的曝光量，这样才能拍摄出准确曝光的猫咪照片。

慵懒的猫猫照片

光圈：F8 快门速度：1/125s 感光度：ISO100 曝光模式：光圈优先 曝光补偿：0EV

宠物的毛色偏亮，应该增加一到二挡的曝光补偿

光圈：F11 快门速度：1/60s 感光度：ISO100 曝光模式：光圈优先 曝光补偿：0EV

拍摄可爱的狗狗照片

众所周知，狗狗是一种可爱又通人性的动物，也正是因为这一点，很多人都喜欢养狗狗。当我们和狗狗相处时，看着它们可爱的样子我们会觉得开心。

狗狗是一种非常可爱的动物

光圈：F5.6 快门速度：1/200s 感光度：ISO100 曝光模式：光圈优先 曝光补偿：0EV

狗狗是一种好动的动物，也正因为它活泼调皮的个性和可爱的外形而受到人们的喜欢，吸引人们来为它拍摄照片。但是这好动的特点却为拍摄带来较大的困难，这不仅需要快速的快门，而且还需要灵敏的对焦功能，如果是在暗环境下拍摄那就更增加了难度，可以说这种情况下要想拍摄出清晰的照片那是难上加难，几乎是不可能的事情。如果你的相机有动态拍摄模式的话，可以使用这一模式拍摄，在这一模式下，相机会运算各种适合拍摄动态物体的参数，这样对于拍摄好动的狗狗就方便极了。

狗狗是一种好动的动物，如果快门不够快，照片就会模糊

光圈：F11 快门速度：1/250s 感光度：ISO100 曝光模式：光圈优先 曝光补偿：0EV

使用动态拍摄模式来拍摄好动的狗狗非常方便

光圈：F5.6 快门速度：1/500s 感光度：ISO100 曝光模式：光圈优先 曝光补偿：0EV

动态对焦模式可以轻松地拍摄动态的狗狗的照片，但是这一模式也不是万能的。因此，可以不使用动态拍摄模式来拍摄，或者如果你的相机没有这一模式，我们也完全不必担心，其实这一模式也只是开发者设定的一种较为适合拍摄动态景物的模式，并不是说它是万能的，可以让你随心所欲地拍摄所有照片。除此之外，我们可以采用其他的模式来拍摄，比如，可以使用快门优先或者全手动的拍摄模式来拍，不过全手动模式对于初学者来说难了一点，那么使用快门优先模式拍摄就可以了，这一模式下，快门由你自己来设定，相机会完成剩下的事情。

拍摄时可以根据你自己的需要和当时的实际情况来设定，快速的快门可以拍得清晰的狗狗照片，较慢的快门则会拍摄出富有动感的狗狗照片。

快速快门可以拍摄清晰的狗狗照片

光圈：F4 快门速度：1/400s 感光度：ISO100 曝光模式：光圈优先 曝光补偿：0EV

慢速快门可以拍摄出富有动感的狗狗照片

光圈：F11 快门速度：1/60s 感光度：ISO100 曝光模式：光圈优先 曝光补偿：0EV

普通对焦模式很难抓住快速移动的狗狗

光圈：F4 快门速度：1/500s 感光度：ISO100 曝光模式：光圈优先 曝光补偿：0EV

对于好动的狗狗来说，对焦是一个较难掌握的大问题，在拍摄中经常出现这样的情况：当我们为狗狗拍摄了一大堆照片以后，在电脑上查看时会发现有很多照片中的狗狗是模糊的，照片的焦点对在了照片的背景上。非常可惜，这是对焦点没有控制好的结果。如果你的相机有动态对焦模式，一定要使用动态对焦模式拍摄，这样相机就会自动寻找画面中的动态对焦点来对焦，将焦点对准在运动的狗狗身上，这样就会大大地提高拍摄的成功率。

使用动态对焦模式拍摄会大大提高成功率

光圈：F4 快门速度：1/500s 感光度：ISO100 曝光模式：光圈优先 曝光补偿：0EV

可爱的小兔子

小兔子的拍摄相对于活泼好动的猫猫、狗狗的拍摄方法又有所不同，兔子不像小狗小猫那样有灵性，但它是一种温顺的小动物，拍摄起来更加容易。拍摄时一定要抓住它们的特点，长长的耳朵、三瓣嘴，无疑是它们最大的特征。可爱的兔子对于拍摄来说当然是一个更为合适的拍摄对象，如果对它有一定的了解，相信可以拍摄出非常不错的照片。

竖着耳朵直立起来的兔子十分可爱

光圈：F5.6 快门速度：1/200s 感光度：ISO100 曝光模式：光圈优先 曝光补偿：0EV

小兔子通常以白色的居多，这样在拍摄时对于照片的曝光是一种较大的考验，如果按照自动拍摄方式来拍很容易出现曝光过度的现象，因此拍摄时应该使用平均测光的方式，然后增加一挡曝光量，这样小兔子才不至于曝光过度，背景也会曝光正常。如果拍摄的是黑色的兔子，那么就应该减少一挡曝光补偿，这样也能够保证兔子和背景的曝光准确。

拍摄白兔子时需要增加一挡的曝光量

光圈：F11 快门速度：1/60s 感光度：ISO100 曝光模式：光圈优先 曝光补偿：0EV

拍摄黑兔子时需要减少一挡的曝光量

光圈：F11 快门速度：1/125s 感光度：ISO100 曝光模式：光圈优先 曝光补偿：0EV

为了表现兔子的可爱，我们可以为它选择一些可爱的背景，如草坪或者一张布置过的桌子。小兔子在绿色草坪的映衬下会显得格外突出，成为画面的焦点。同时可以寻找一些较嫩的青草，这对于小兔子来说是一种非常大的诱惑，这时你可以抓拍小兔子吃草时憨态可掬的神态，那是非常有趣的事情。另外我们也可以为它设置一些有趣的场景来拍摄，例如一张木椅或者卡通的桌子，这样可以使小兔子和背景相映成趣，得到和谐的照片效果。

小兔子在绿色草坪的映衬下会得到非常和谐的效果

光圈：F11 快门速度：1/125s 感光度：ISO100 曝光模式：光圈优先 曝光补偿：0EV

为它设置一些有趣的场景来拍摄

光圈：F5.6 快门速度：1/125s 感光度：ISO100 曝光模式：光圈优先 曝光补偿：0EV

此外，我们可以使用不同的景别来表现兔子可爱的形象，那双长长的大耳朵、那条短秃秃的小尾巴、那四只小蹄都是很有特征的部分，我们可以用特写的形式来表现这些有意思的身体部位。拍摄时要注意景深的控制，浅景深可以表现微小的局部特征。另外我们还可以用大景别拍摄一些兔子玩耍的场景，也是非常有趣的。

用特写的形式来表现这些有意思的身体部位

光圈：F2.8 快门速度：1/500s 感光度：ISO100 曝光模式：光圈优先 曝光补偿：0EV

用大景别拍摄兔子玩耍的场景

光圈：F5.6 快门速度：1/250s 感光度：ISO100 曝光模式：光圈优先 曝光补偿：0EV

拍摄小仓鼠

我们在宠物商店和花鸟市场都可以看到小仓鼠，它长得胖乎乎的，没有普通老鼠那样长长的尾巴，所以看起来真是可爱极了。在宠物商店里我们常常可以看到它们在一个可以转动的圆形的笼子里奔跑，它奔跑的样子看起来更像是一个运动员在一架健身器材上不停地运动。

小仓鼠也是一种非常可爱的小宠物

光圈：F5.6 快门速度：1/200s 感光度：ISO100 曝光模式：光圈优先 曝光补偿：0EV

在影棚拍摄的小仓鼠

光圈：F2.8 快门速度：1/500s 感光度：ISO100 曝光模式：光圈优先 曝光补偿：0EV

在草坪上拍摄的小仓鼠

光圈：F5.6 快门速度：1/250s 感光度：ISO100 曝光模式：光圈优先 曝光补偿：0EV

小仓鼠最好不要在笼子里拍摄，可以在公园或者其他地方的草坪上拍摄，如果是在秋天，可以在落叶堆中拍摄，拍摄时可以发出一些声音来吸引它们的注意，或者拿一些食物来诱引它们，同时引导它们做出可爱的动作，这样拍摄出来的照片就会更加自然，更加生活化。

仓鼠的体形相对来说较小，难免为我们的拍摄带来不便，因此拍摄时应该注意，尽量使用长焦镜头或者微距镜头，使用长焦镜头拍摄时要与仓鼠保持一定的距离，然后将镜头拉近拍摄，这样不会对仓鼠的行为造成较大的影响，拍摄出来的照片较为自然。如果使用微距镜头拍摄，是在近距离拍摄，拍摄时要注意焦点的放置，一般情况下，应该对在仓鼠的眼睛和脸的部位，这样才能在画面中将仓鼠的可爱表现出来。

焦点对准仓鼠的眼睛

光圈：F8 快门速度：1/160s 感光度：ISO100　曝光模式：光圈优先 曝光补偿：0EV

仓鼠这种体形较小的宠物，如果在地面上拍摄，比较难以取景，这样低的视角，如果蹲着拍摄会非常累，只能趴在地上拍摄了，所以出发之前就应该带上几张报纸或者塑料布，拍摄时铺在地上，这样就不会弄脏衣服了。如果说你的相机有翻转液晶屏那就方便多了，拍摄时利用翻转液晶屏可以轻松地采用任何角度的取景构图了。另外我们还可以将小仓鼠放在桌子上进行拍摄，这样也就不用忍受趴在地上的难堪了，不过最好要选一个比较有趣的桌面来作背景。

抓拍有意思的瞬间，增加画面的趣味性

光圈：F4 快门速度：1/200s 感光度：ISO100　曝光模式：光圈优先 曝光补偿：0EV

雄姿英发的马儿

自古以来马就是人们喜爱的一种动物，也是最受艺术家欢迎的动物之一。在绘画中马儿经常被作为画面的元素，在摄影中也不例外地成为摄影者最喜欢的动物之一。马的外形健壮、俊美，线条柔和，运动姿态各式各样。拍摄前应该先对马儿的习性进行一些了解，了解得越多你的作品就会越好地表现出马儿的美感。

马是摄影者常见的拍摄题材之一

光圈：F8 快门速度：1/250s 感光度：ISO100 曝光模式：光圈优先 曝光补偿：0EV

马儿是一种好动的动物，可以选择运动拍摄模式来拍摄。运动模式下，首先是快门优先模式的运用，你可以任意地设定快门速度，然后相机会自动设定光圈，以便完成合适的曝光。然后是对焦模式的运用，在单反相机上都会有动态对焦模式，使用这一对焦模式，可以轻松地将焦点对准在移动中的马儿身上。

快门优先模式下可以任意地设定快门速度

光圈：F4 快门速度：1/500s 感光度：ISO100 曝光模式：光圈优先 曝光补偿：0EV

使用动态对焦模式，可以轻松地将焦点对准在移动中的马儿身上

光圈：F4 快门速度：1/500s 感光度：ISO100 曝光模式：光圈优先 曝光补偿：0EV

马儿的头部非常秀美，要想拍摄好它的头部，应该掌握好拍摄角度，通常正面和正侧面拍摄能够较好地表现出马儿的俊美神情。由于马儿有着丰富而鲜明的个性，有时是活泼的，有时是高傲的，有时是友好的，所以要想表现出马儿的个性，使用一些常规的拍摄角度是不够的。可以寻找一些较为独特的角度进行拍摄，尽可能多方位地展现马儿的英姿。

正侧面拍摄的马儿

光圈：F8 快门速度：1/125s 感光度：ISO100 曝光模式：光圈优先 曝光补偿：0EV

正面拍摄的马儿

光圈：F8 快门速度：1/500s 感光度：ISO100 曝光模式：光圈优先 曝光补偿：0EV

由于马头呈长圆形，拍摄时也要注意光线的问题，太强烈的光不易于表现出马儿的完美神情，但是太平和的光线也会显得非常平淡，最好的时机应该是在天空中有薄薄云层的时候，这时的光线亮而不烈，拍摄出来的马儿层次丰富，富有立体感，也有很好的质感，所以要善于观察天气，为你的拍摄提供良好的条件。

光线太强会使画面的反差非常大，不利于拍摄

光圈：F8 快门速度：1/250s 感光度：ISO100 曝光模式：光圈优先 曝光补偿：0EV

天空中有薄薄云层的时候拍摄出来的马儿层次丰富，富有立体感

光圈：F8 快门速度：1/250s 感光度：ISO100 曝光模式：光圈优先 曝光补偿：0EV

拍摄马儿时可以带一些马儿喜欢吃的东西，在拍摄之前先喂一点给它们吃，得到它们的信任。这样拍摄起来就没那么费劲了。而且在拍摄的过程中还可以用食物来引导它们做出你所需要的动作。马是一种有灵性的动物，如果你能让它感觉到和你很投缘，马儿就会配合你的拍摄，这点从马儿的眼神和姿态都可以看出来。这样拍摄出来的照片一定是很不错的。

马的警惕性很高，你必须让他们在第一时间感受到你的友善

光圈：F8 快门速度：1/250s 感光度：ISO100 曝光模式：光圈优先 曝光补偿：0EV

在拍摄之前先喂一点吃的给小马，以得到它的信任

光圈：F8 快门速度：1/250s 感光度：ISO100 曝光模式：光圈优先 曝光补偿：0EV

马可以独居也可以群居，野生的马就是群体居住的。拍摄马儿时可以选择不同的景别，单独描绘单匹马儿的优美外形，或者拍摄马群奔腾的动态。拍摄马群时要注意背景场景的选择，可以选择到广阔的大草原上拍摄。另外拍摄时间的掌握也关系到作品的成败，如果在黄昏时分拍摄马群的剪影效果，那将是一种非常唯美壮观的场面。

在黄昏时分拍摄的剪影场面

光圈：F8 快门速度：1/125s 感光度：ISO100 曝光模式：光圈优先 曝光补偿：0EV

群马奔腾的动态场面

光圈：F8 快门速度：1/320s 感光度：ISO100 曝光模式：光圈优先 曝光补偿：0EV

野生动物的静与动

随着野生动物的逐渐减少，它们就成为比较热门的摄影题材，很多摄影者都立志为稀有野生物种留下一些珍贵的影像资料。作为摄影爱好者，如果有条件拍摄一些野生动物的照片也是很有意思的事情。这具有一定的挑战性，但是“世上无难事，只怕有心人”，如果你坚持拍摄，并寻找拍摄的技巧，一定能够拍摄出好的作品。

野生动物成为现在比较热门的摄影题材

光圈：F4 快门速度：1/500s 感光度：ISO100 曝光模式：光圈优先 曝光补偿：0EV

野生动物有很多种类，其中鸟类是我们常见的野生动物之一。野生鸟类常聚集在一起生活，茂密的森林和茂盛的草丛是它们栖息的地方，拍摄时可以拍摄单只的鸟儿，甚至还可以拍摄鸟儿的头部特写。当然，由于鸟儿通常离我们较远，这需要有一个超长焦镜头，为了将鸟儿拍摄出好的神态，应该使用快速连拍来拍摄。

可以拍摄整只的鸟儿

光圈：F4 快门速度：1/500s 感光度：ISO100 曝光模式：光圈优先 曝光补偿：0EV

还可以拍摄鸟儿的头部特写

光圈：F8 快门速度：1/250s 感光度：ISO100 曝光模式：光圈优先 曝光补偿：0EV

拍摄鸟群能够得到一种富有节奏感和韵律美的照片，想象很多的鸟儿聚集在一起，有的落下，有的飞起，有的离镜头近，有的离镜头远，各种各样的姿势使得我们的画面十分丰富。拍摄时要注意寻找画面的规律，以拍得富有韵律美和构图感的照片。

拍摄鸟群时要注意寻找画面中有节奏的部分，如下左图所示，利用长形构图突出了俯身喝水的一排水鸟的画面，就是一张很不错的照片。

对于白色的鸟儿来说，要选择一处深色的背景来拍摄，可以将深色无反光的水面作为背景，如下右图所示。如果是拍摄较大群的鸟，就不太好找能与之相匹配的大背景了，这种情况下，可以将现场的任何大片的深色面积作为画面中的背景来拍。

要注意寻找画面中有节奏的部分

光圈：F4 快门速度：1/500s 感光度：ISO100 曝光模式：光圈优先 曝光补偿：0EV

将深色无反光的水面作为背景

光圈：F5.6 快门速度：1/500s 感光度：ISO100 曝光模式：光圈优先 曝光补偿：0EV

寻找画面的节奏，拍摄富有韵律美和构图感的照片

光圈：F5.6 快门速度：1/500s 感光度：ISO100 曝光模式：光圈优先 曝光补偿：0EV

■ 图片提示

1. 使用中焦镜头远距离拍摄，可以拍摄出大小适当的白色的鸟
2. 选择快速的快门速度

不知道你是否在儿时有过捉昆虫的经历，比如蝴蝶、蚂蚱，这些小东西可以极大地满足你的好奇心。拍摄昆虫也是一个不错的题材，不过你需要一个微距镜头或者是有微距功能的镜头，才能更细致地展现昆虫的特点。拍摄时为了不把它们吓跑，一定要轻轻地靠近它们，有时即使你靠近的动作再轻也会把它们吓跑掉，所以最好的方法是和它们保持一定的距离，然后用长焦镜头拉近来拍摄。

拍摄昆虫最好的方法是保持一定的距离，然后用长焦镜头拉近

光圈：F8 快门速度：1/125s 感光度：ISO100 曝光模式：光圈优先 曝光补偿：0EV

水生动物拍摄起来较其他野生动物的难度较小，因为它们在水中的运动速度一般较慢，不像陆生动物和飞行类动物，运动速度较快，不容易把握。另外往往以水作为背景比较简洁，容易突出主体，而且在色调方面也比较中性，是很不错的背景元素。

将水面的波纹作为照片的背景

光圈：F5.6 快门速度：1/250s 感光度：ISO100 曝光模式：光圈优先 曝光补偿：0EV

在拍摄水生动物时，可以充分利用水面的反光和波纹，制造水墨效果，还可以将水面的波纹作为照片的背景，从而清晰地突显出动物的轮廓，宛如一幅优美、宁静的图画。

水墨画效果的照片

光圈：F5.6 快门速度：1/500s 感光度：ISO100 曝光模式：光圈优先 曝光补偿：0EV

对于一些动作较为迅疾的动物的拍摄，需要有非常快的反应能力，要在动物跑出你的画面之前，将其拍摄下来。还有一个方法就是让一个人来配合你，在你拍摄时让另外一个人拿一些食物来引导所拍摄的动物，将它们引到你想要拍摄的位置，并让它作出你所需要的反应。

拿一些食物来引导你所要拍摄的动物

光圈：F4 快门速度：1/500s 感光度：ISO100 曝光模式：光圈优先 曝光补偿：0EV

拍摄多毛的动物，可以在用光方面做一些文章，常规的用光方式就不用介绍了，为了达到比较非同一般的效果，以便突出多毛动物的可爱和独特之处，可以采用逆光或者侧逆光来拍摄，这样在多毛动物的边缘就会生成一圈金色的光芒，看起来非常有趣，也能够起到将动物与暗背景分离的效果。

■ 图片提示

1.用食物引导动物时动作一定要轻而缓慢，以免把动物吓跑

2.尽量使用陷阱对焦的方式来拍摄

3.不要使用闪光灯，这样会把动物吓跑

逆光会在多毛动物的边缘生成一圈金色的光芒

光圈：F2.8 快门速度：1/1000s 感光度：ISO100 曝光模式：光圈优先 曝光补偿：0EV

拍摄飞翔的鸟儿

飞翔是鸟儿的专利，在天空飞翔的鸟儿，有着属于它们自己的自由世界，鸟儿们在天空自由翱翔的姿态给我们以无限的憧憬和向往，这样优美的景观让我们沉醉其中，这样富有美感的景观何尝不是摄影的好题材呢！另外，除了鸟儿之外，还有其他的飞翔题材可以拍摄，比如拍摄飞翔中的飞机、壮观的飞行表演等都是不错的。

飞翔题材的作品拍摄起来是有较大难度的，由于鸟儿距离我们非常远，看起来就非常小，而且飞行速度又非常快，再加上是逆光拍摄，对于我们的拍摄技术是一个很大的考验。

鸟儿们在天空自由翱翔的姿态给我们以无限的憧憬和向往

光圈：F8 快门速度：1/125s 感光度：ISO100 曝光模式：光圈优先 曝光补偿：0EV

拍摄鸟儿的时候，我们应该使用长焦镜头，并且最好是能够找一个制高点来拍摄，这样拍摄的成功率就会很高，另外可以选择动态对焦模式来拍摄，并且连续抓拍，多拍，在关键时刻要使用高速连拍模式进行拍摄，以获得最佳的效果。

利用连拍来提高拍摄的成功率

光圈：F4 快门速度：1/500s 感光度：ISO100 曝光模式：光圈优先 曝光补偿：0EV

前面说过，在拍摄鸟儿时寻找一个制高点是非常重要的，首先要保证这一制高点是相对安全的，而且可以让你在相对较稳定的状态下拍摄，最好是有一处可以支撑的台面让你将身体支撑在上面，或者依靠在上面，这样拍摄时就会比较轻松，而且拍摄也相对稳定，拍摄的成功率就会提高。

在拍摄鸟儿时寻找一个制高点是非常重要的

光圈：F4 快门速度：1/500s 感光度：ISO100 曝光模式：光圈优先 曝光补偿：0EV

对于距离很远的飞行中的鸟儿，对焦是拍摄的一个瓶颈，如果熟练掌握对焦，那么你的拍摄将会比较顺利，拍摄的成功率自然而然就比较高了。那么怎样才能熟练掌握对焦方式，并在实际拍摄时做到得心应手呢？如果你的相机有动态对焦功能就方便多了，动态对焦方式会在画面中自动寻找一定的物体进行对焦，将对焦点控制在运动的物体上，这样拍摄时我们就不必再担心对焦会很容易偏离。如果你的相机没有动态对焦模式，那就麻烦一点了，你需要用一些技巧来增加拍摄的成功率，可以使用陷阱对焦的方式来拍摄。陷阱对焦的拍摄方法是这样的，先观察鸟儿的飞行规律，提前预留好构图位置和鸟儿在画面中的位置，然后使用手动拍摄方式，将焦点控制在鸟儿飞到预想位置时的距离上，最后等待鸟儿到达预想位置后，完成拍摄即可。

如果你的相机有动态对焦功能就方便多了

光圈：F11 快门速度：1/60s 感光度：ISO100 曝光模式：光圈优先 曝光补偿：0EV

使用陷阱对焦的方式来拍摄

光圈：F11 快门速度：1/60s 感光度：ISO100 曝光模式：光圈优先 曝光补偿：0EV

不管你使用什么样的对焦方式，在拍摄时首先要用相机追踪飞鸟，与飞鸟趋向同步状态，也就是我们常说的追随拍摄法，这是拍摄飞翔中的鸟儿的最好方法。另外，为了能够得到清晰的鸟儿照片，应该使用快速快门、高感光度来拍摄。

追随拍摄法是拍摄飞翔中的鸟儿的最好方法

光圈：F5.6 快门速度：1/250s 感光度：ISO100 曝光模式：光圈优先 曝光补偿：0EV

拍摄飞鸟时可以使用连拍的方式来拍摄他们的飞行姿态。那么拍摄时首先应该观察其飞行习惯，包括着陆和起飞的时候，或者在有风的时候它们的飞行特点。并使用相机的高度连拍功能连续拍摄它们的动作，然后在电脑中进行编辑，使之成为一组像慢动作又好像动画一样的照片。

使用相机的高速连拍功能，并将照片编辑成一组照片

光圈：F2.8 快门速度：1/500s 感光度：ISO100 曝光模式：光圈优先 曝光补偿：0EV

拍摄游弋的鱼儿

相对陆地、空中的动物来说，鱼儿的拍摄难度要大一些，因为我们要时刻注意水对于拍摄的影响，不仅是由于水面给我们带来的反光，而且还有水对于器材的影响，甚至有时还要避免水对于光线的折射所带来的影响。如果你要从事水下摄影，除了要具备良好的水性和准备大量的资金外，还要对的鱼儿的习性有一定的了解，这样才能够保证你能拍摄出好的作品。

相对陆地、空中的动物来说，鱼儿的拍摄难度要大一些

光圈：F11　快门速度：1/125s　感光度：ISO100　曝光模式：光圈优先　曝光补偿：0EV

拍摄鱼儿的最佳时期是春暖花开的时候，这时冰河解冻，水温上升，鱼儿的活动越来越频繁，饿了一个冬天的鱼儿们开始成群结队地寻找食物，但是那种情况下我们没有机会接触这么多种类的鱼，只能去海洋博物馆或者一些公园的人工湖中去拍摄。

鱼儿们会成群结队地游来游去找寻自己的食物

光圈：F5.6　快门速度：1/250s　感光度：ISO100　曝光模式：光圈优先　曝光补偿：0EV

在海洋博物馆、人工湖拍摄时，由于这些鱼儿是人工养殖的，因此它们对于人类不会惧怕，你可以买一些鱼食来引逗它们，当你把鱼食撒到水中后，鱼儿们就会疯狂地游过来抢食，这时你也不必使用超长焦镜头或者长焦镜头了，使用中焦或者广角镜头也完全可以完成拍摄。

当你把鱼食撒到水中后，鱼儿们就会疯狂地游过来抢食

光圈：F2.8 快门速度：1/500s 感光度：ISO100 曝光模式：光圈优先
曝光补偿：0EV

使用中焦或者广角镜头拍摄

光圈：F2.8 快门速度：1/500s 感光度：ISO100 曝光模式：光圈优先
曝光补偿：0EV

拍摄游弋的鱼儿时难免会被水面反射的光线所干扰，尤其是在晴天的时候，虽然光线充足，色彩艳丽，但是往往反光也会很强。那么对于这样的情况来说应该怎么办呢？首先我们可以从不同的角度来寻找反光最弱的位置。还有另外一种方式就是使用偏振镜来拍摄，你需要购置一个偏振镜，偏振镜对于水面反射光的消除具有很好的作用，用得好可以将水面的反光几乎全部消除，想必这样的照片一定是一张赏心悦目的作品。

使用偏振镜拍摄时应该侧对着反射光线来的方向，因为当光线和偏振镜的轴心成垂直角度时可以得到最好的效果，因此拍摄时一定要注意这方面的问题。

拍摄游弋的鱼儿时难免会被水面反射而来的光线所干扰

光圈：F2.8 快门速度：1/500s 感光度：ISO100 曝光模式：光圈优先
曝光补偿：0EV

可以从不同的角度来寻找反光最弱的位置

光圈：F2.8 快门速度：1/500s 感光度：ISO100 曝光模式：光圈优先
曝光补偿：0EV

偏振镜对于玻璃反射光的消除具有很好的作用

光圈：F8 快门速度：1/125s 感光度：ISO100 曝光模式：光圈优先 曝光补偿：0EV

由于水中的光线反差较大，在拍摄鱼儿时如果使用平均测光模式拍摄，可能会导致水和鱼的反差较大而使鱼的曝光不足，如果使用点测光拍摄则会令水的曝光过度，因此采用中央重点测光模式是最为合适的。

采用中央重点测光模式是最为合适的

光圈：F8 快门速度：1/15s 感光度：ISO100 曝光模式：光圈优先 曝光补偿：0EV

使用点测光拍摄则会令水的曝光过度

光圈：F2.8 快门速度：1/50s 感光度：ISO800 曝光模式：光圈优先 曝光补偿：0EV

使用平均测光模式拍摄会导致水和鱼的反差较大而使鱼的曝光不足

光圈：F2.8 快门速度：1/500s 感光度：ISO100 曝光模式：光圈优先 曝光补偿：0EV

拍摄游弋中的鱼儿应该使用较快的快门速度，否则你将拍摄不到清晰的鱼儿照片，建议使用快门优先模式拍摄，这一模式下你可以预先设置快门的速度，光圈则由相机自己来决定，这样你就可以拍摄出清晰的鱼儿照片了。另外，如果你想拍摄一种动感效果也未尝不可，只要使用慢速快门就可以了。

使用快门优先模式拍摄

光圈：F2.8 快门速度：1/500s 感光度：ISO100 曝光模式：光圈优先 曝光补偿：0EV

使用慢速的快门拍摄

光圈：F2.8 快门速度：1/15s 感光度：ISO100 曝光模式：光圈优先 曝光补偿：0EV

宠物搞笑一箩筐

很多人喜欢养宠物，因为这些小家伙能够让我们开心，在工作之余回到家，看到它们的时候能够忘记疲惫，放松心情，享受家庭的温馨。宠物照片的拍摄我们在前面两节中已经讲过，对于一般宠物照片的拍摄我们已经基本了解，但是如果能够在常规拍摄的基础上，加上一些比较诙谐、幽默的片段那就更好了。

猫咪凭窗远眺，若有所思，十分可爱

光圈：F4 快门速度：1/250s 感光度：ISO100 曝光模式：光圈优先 曝光补偿：0EV

温馨的瞬间抓拍

光圈：F4 快门速度：1/125s 感光度：ISO100 曝光模式：光圈优先 曝光补偿：0EV

因此拍摄时要注意发现一些幽默的视角和瞬间。例如左上图中的猫，就是没有从正面角度来拍摄，而从一个不太常规的角度拍摄，本身胖乎乎的猫向窗外望去，从背面看起来像一个毛茸茸的肉团，非常滑稽可爱，露出的两只尖尖小猫耳也为画面增添了不少情趣。右边照片中抓取了一个更为可爱的瞬间，猫咪睡觉的姿势看起来非常像是一个人趴在桌子上睡觉的姿势，真是有意思极了！

下面这几张照片是拍摄猫咪睡觉的姿态，表现的是猫咪玩累了趴在床上到睡着的全过程，拍摄这种照片尽量不要过多地干扰猫咪，否则猫咪就会不自然，而且照片看起来也不会那么连贯。

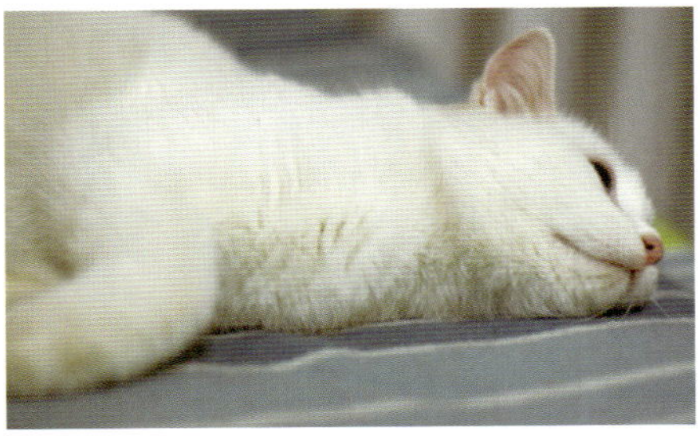

猫咪慢慢睡去的姿态

光圈：F4 快门速度：1/125s 感光度：ISO100 曝光模式：光圈优先 曝光补偿：0EV

为了表现出宠物的可爱，拍摄时要注意光线的运用。通常使用柔和的光来拍摄宠物较为合适。可以在树荫下或者房屋的阴影处拍摄，必要的时候可以使用反光板或与其类似的替代品为宠物打一些补光来拍摄，这样可以得到更好的效果。

将狗狗带到光线柔和的区域

光圈：F4.5 快门速度：1/640s 感光度：ISO100 曝光模式：光圈优先 曝光补偿：0EV

■ 图片提示

1. 使用最小光圈以突出主体
2. 使用广角镜头拍摄
3. 关闭闪光灯以免吓跑宠物
4. 近距离拍摄宠物

用柔和一点的光来拍摄宠物

光圈：F2.8 快门速度：1/1000s 感光度：ISO100 曝光模式：光圈优先 曝光补偿：0EV

近距离拍摄宠物时要注意安全，不要忘记宠物也是具有攻击性的，如果你惹恼了它，它一样会咬你或者抓你。所以近距离拍摄宠物时动作一定要轻，尤其是在宠物睡觉时，不要把它吵醒，否则它会很生气。如果拍摄的是别人的宠物，那么在拍摄前一定要询问主人他的宠物是否具有攻击性，确定没有危险的前提下再进行拍摄。

靠近宠物时动作要轻柔，以免惹恼了它

光圈：F5.6 快门速度：1/200s 感光度：ISO100 曝光模式：光圈优先 曝光补偿：0EV

如果你家饲养了宠物，那你可以仔细地观察它，你会发现它的一举一动都是那么有趣，常常令人开怀大笑，如果你有相机可以随时拿出来将这些点滴记录下来，并在闲暇时浏览、欣赏这些拍摄出来的作品，或将作品与朋友一起分享，这是很有意义的事情。

近距离拍摄宠物时要注意安全

光圈：F5.6 快门速度：1/200s 感光度：ISO100 曝光模式：光圈优先 曝光补偿：0EV

如果想要拍摄好的宠物照片，那一定要对宠物有一定的了解，如果你喜欢宠物并经常和它在一起那就比较简单，你只需要了解一些较为简单的摄影技巧就可以投入拍摄了；但是如果你对宠物并不了解，建议你还是先与宠物相处一段时间，增进了解之后再投入拍摄，这样你拍摄起来才会得心应手。

小猫探头的瞬间很有意思

光圈：F2.8 快门速度：1/125s 感光度：ISO100 曝光模式：光圈优先 曝光补偿：0EV

调皮的猫咪

光圈：F5.6 快门速度：1/125s 感光度：ISO100 曝光模式：光圈优先 曝光补偿：0EV

拍摄宠物照片最大的挑战就在于对你耐心的考验，因为宠物不会像人一样听从你的指挥，而做出你需要的动作来，而且它们的表情、动作都是稍纵即逝的，不会等待你拍摄完了才转变。因此，你需要做的就是拿着相机始终追踪着宠物并随时准备抓拍，这就需要较快的反应能力，在出现你需要的画面时迅速地按下快门，这样就可以得到你心仪的照片。怎么样，是不是感觉没有你想象中的那么困难？其实只要你投入进去，拍摄宠物是很有乐趣的一件事情。

"刺猬"的诱惑

光圈：F4 快门速度：1/250s 感光度：ISO100 曝光模式：光圈优先
曝光补偿：0EV

小猫扮鬼脸

光圈：F8 快门速度：1/160s 感光度：ISO100 曝光模式：光圈优先
曝光补偿：0EV

■ 图片提示

1. 使用广角，使相机尽可能靠近被拍摄体
2. 使用慢速快门进行拍摄

有时我们会玩一些宠物Cosplay，即为宠物穿上一些小小的、非常可爱的奇装异服，并佩戴上一些搞笑的饰品，看起来真是逗极了。另外，如果有兴趣还可以做出一些小型的道具，比如小椅子、小床、小电视机，来为你可爱的宠物打造一个可爱的童话世界，那就是更加有趣的事情了。

为宠物带上可爱的眼镜

光圈：F8 快门速度：1/125s 感光度：ISO100 曝光模式：光圈优先
曝光补偿：0EV

为你可爱的宠物打造一个温暖的床铺

光圈：F8 快门速度：1/125s 感光度：ISO100 曝光模式：光圈优先
曝光补偿：0EV

第 6 章

品味细腻！展示商品之风情

商品摄影对于主题的确立应该是最为讲究的，因为商品摄影的目的性非常强，它要求画面以最强有力的方式展现其产品，表现产品的质感、性能等。因此，为所要拍摄的物品确立一个合适的主题应该说是商品摄影中最重要的一个环节。

勾起你的“味蕾”，教你如何拍摄中国菜

中国菜是我们国家的独特菜品，是中华民族的一大特色。怎样才能将菜肴拍摄出能够勾人“味蕾”的效果呢？这是我们本节将要讨论的。要想获得完美的照片效果，我们首先要知道菜肴拍摄的重点在于怎样将其鲜美的味道真实地表现出来。值得注意的是，菜肴的摄影作品不可能让观者真正从味觉上品尝到它的鲜美，拍摄者只能运用一定的技巧，让照片尽可能真实地还原菜肴的原样，使之看起来色泽鲜明，通过视觉的方式让菜肴看起来可口美味。

中国菜是中华民族的一大特色

光圈：F8 快门速度：1/125s 感光度：ISO100 曝光模式：光圈优先 曝光补偿：0EV

要表现美味的感觉，重点在于菜肴的装盘方式、盘子的选择等因素。就算你的用光多考究，镜头成像质量多细腻、相机多先进，如果菜肴的装盘不好看，一样表现不出菜肴的鲜香美味。在装盘的时候应该注意几方面的情况，首先应该注意的是构图的方式。我们都知道圆形的盘子可以采取斜向拍摄的方式，但是对于方形的盘子来说，如何构图就需要费点心思了。很多人喜欢将盘子倾斜放置，使盘子角与画面死角对齐，一般情况下，这样做会使画面显得有点呆板，但在有些情况下斜向放置盘子却会得到很好的效果。例如，需要表现菜肴的立体感效果，使食物看起来能保持鲜活的状态。

圆盘可取对称构图

光圈：F11 快门速度：1/60s 感光度：ISO100 曝光模式：光圈优先 曝光补偿：0EV

斜向放置花盘画面显得随意

光圈：F11 快门速度：1/125s 感光度：ISO100 曝光模式：光圈优先 曝光补偿：0EV

菜肴的拍摄很多情况下可以采取组合的方式，也就是菜肴的搭配。通常情况下有一或两道主菜，然后搭配几道小菜、主食、汤、酒等。在摆放时要以主菜为画面主体，然后将其他菜肴作为点缀，并在画面组成，包括色彩造型的组合上，要以能够达到挑起人们味觉享受的画面摆放为最佳。

以组合的方式来拍摄菜肴

光圈：F8 快门速度：1/125s 感光度：ISO100 曝光模式：光圈优先 曝光补偿：0EV

在拍摄组合菜肴时应该注意菜肴的组合方式，以常见的拍摄手法来说，摄影者通常会拍摄组合菜肴的全景，这样可以全面地展示菜肴的样子，让观者一览无余。而如果菜肴、盘子、筷子等物品没有完全展现在画面中，乍一看会觉得似乎缺少了些什么，但是这样会得到意想不到的效果。首先这样的构图会让菜肴和餐具充满画面，让画面看起来很饱满，另外在拍摄时将画面的主菜作为画面的主体，其他的配菜作为画面的陪衬，这样的手法会让主菜更突出，并且近距离地展示出了菜肴的美味。此外，只拍摄局部的菜肴，反而能够制造出想象的空间，可以给观者留下菜肴丰富多样、味道鲜美的印象。

只拍摄局部的菜肴，反而能够制造出想象的空间

光圈：F5.6 快门速度：1/250s 感光度：ISO100 曝光模式：光圈优先 曝光补偿：0EV

锅碗瓢盆交响曲

锅碗瓢盆是最日常化的生活用具，如果你能用心观察生活，这些看似平凡的餐具也可以成为拍摄的题材，并能创造出别样的美感。拍摄时要注意首先熟悉它们的材质，并了解每种不同材质的表现方式和用光方式。

整洁的餐具

光圈：F8 快门速度：1/125s 感光度：ISO100 曝光模式：光圈优先 曝光补偿：0EV

锅碗瓢盆中锅排在首位，所以我们首先来介绍锅的拍摄。拍摄锅具时以下几个部分必不可少，锅具的整体外观、把手、内部、底部，如有锅盖还要对锅盖进行单独拍摄。如果是不粘锅还要对锅具的涂层进行细节拍摄。其中，锅把手的细节一定不能遗漏，把柄和衔接处要用微距拍摄，展示出锅具做工的精细。锅具一般由钢、铁、合金等金属材质制成，同刀具一样容易产生强烈的反光，所以拍摄时不能用直射光，最好用较大的反光板或柔光箱。在拍摄锅具内部时，更容易产生反光，需要不停地调整反光板的位置，并多拍几次，因此，锅的布光非常讲究。首先在拍摄之前一定要保持餐具的清洁，因为它有很强的反光，指纹和灰尘很容易被相机记录下来，所以在操作的时候，一定要记得带好手套。布光时要采用大面积的软光照明，光线要均匀且柔和，可用柔光箱、反光板、硫酸纸等。锅具会将周围的杂物映射到被摄体光亮的表面。因此可以用隔离包围的布光方法将被摄体与外界环境隔绝。隔离罩的使用不仅可消除周围环境对主体的干扰，还可以使光质变软、变柔。可以使用白色棉布自制隔离罩，拍摄时要做到画面中只有灯箱、反光板和黑卡纸等形成在被摄体上，其余的都为纯净的主体色彩。最后就是细节拍摄时要巧用微距，将锅具的细节面面俱到地展示出来，包括商品的外包装以及合格证等。

锅的整体效果

光圈：F11 快门速度：1/60s 感光度：ISO100 曝光模式：光圈优先 曝光补偿：0EV

锅具的局部结构

光圈：F11 快门速度：1/125s 感光度：ISO100 曝光模式：光圈优先
曝光补偿：0EV

拍摄锅具讲究用光，宜用柔和的光

光圈：F11 快门速度：1/125s 感光度：ISO100 曝光模式：光圈优先
曝光补偿：0EV

另外如果想要表现餐具的金属质感，我们还可以运用一些辅助的手段，根据餐具的大小剪一块黑色的硬纸片，放置在餐具的合适位置的上方，这样餐具上会映射出黑色的纸片，这种效果使餐具显得更具有金属感。

我们生活中常用的餐具通常为陶瓷材质，陶瓷餐具外表光滑，拍摄方法和锅具比较相似，而且我们通常使用的陶瓷多为白色，所以在拍摄时曝光的控制和灯光的强弱就显得尤为重要，把握不好就会曝光过度。和拍摄锅具的方法类似，拍摄陶瓷材质的餐具时需要柔光箱，如果没有柔光罩，拍摄出来会看到在光滑的餐具上反射出一条条的光线，影响照片的整体效果。

合理利用反光板也是减弱反射光的方法之一。有时可以不采取直接在物品上打光的方式而是利用反光板将光线反射到物品上，这样做能够扩大光线的照射范围，增强光线的散射能力，这样使物体表面能够均匀受光，从而达到减弱反射光的目的。

为不锈钢餐具添加金属效果

光圈：F8 快门速度：1/250s 感光度：ISO100 曝光模式：光圈优先
曝光补偿：0EV

陶瓷餐具也是强反光物品

光圈：F11 快门速度：1/125s 感光度：ISO100 曝光模式：光圈优先
曝光补偿：0EV

技巧提示

拍摄餐具，尤其是不锈钢和瓷器等反光性能较强的餐具时，注意避免在餐具上形成不相干的倒影，尤其是相机的倒影。但是这是较难处理的一个问题。可以在相机前放置白色或者黑色的物体用以遮挡，并开出一个孔用来放镜头，这样就可以最大化地避免在餐具上映射出相机的影子了，另外有专业的柔光棚，使用它拍摄餐具非常的方便，尤其是陶瓷餐具。

由于世界多元文化的交融，喜欢吃西餐的人越来越多，刀叉也就自然地摆上了餐桌，勺子、筷子、刀叉这些最简单的餐具也成了我们的生活必需品，而现在这一类的餐具多数都是金属材质的，所以拍摄起来比较困难。前面介绍的几种方法和技巧，解决了这些简单餐具的拍摄问题，在拍摄种类繁多的餐具时，也可以触类旁通，举一反三了。

通过适当的搭配进行拍摄

光圈：F8 快门速度：1/125s 感光度：ISO100 曝光模式：光圈优先 曝光补偿：0EV

在拍摄餐具时，通常有以下两种角度：平视、俯视。网络购物中，实物的照片是消费者选择商品的重要参考，很多卖家在出售整套餐具时，只有整套餐具的实物图，没有详细的细节图，这会大大降低消费者的购买兴趣。整套餐具中会有不同尺寸的碗、盘子、汤勺等，最好能拍摄出每样餐具的细节图，如果觉得过于麻烦可以将2~3种餐具拼凑后再拍摄，这样才能使买家了解商品的细节，从而决定是否购买。

另外，还可以拍摄盛放食物的餐具，模拟使用时的场景，让消费者们觉得更加真实，仿佛自己就是使用餐具的主人，能够增加消费者的喜欢程度和购买欲望。拍摄的环境相对比较自由，如果你自己就拥有一个漂亮的厨房，那就在厨房完成拍摄吧，天气晴朗时，借助窗光拍摄也是相当不错的。

布置一个真实的场景

光圈：F11 快门速度：1/125s 感光度：ISO100 曝光模式：光圈优先 曝光补偿：0EV

钟表迷情

拍摄手表时要重点突出手表的表盘和商标，由于表盘的结构和材质都比较复杂，因此拍摄时应该注意既要将其各种材质表现好，又要拍摄出整体的风格。

拍出手表的质感

光圈：F8 快门速度：1/125s 感光度：ISO100 曝光模式：光圈优先 曝光补偿：0EV

如果手表的表面有着其他物体的反光，画面就会有些发暗，这是因为钟表的两侧都有照明，唯独面向相机的正面部分没有照明造成的。若是出现这样的反光，摄影者可以通过调整商品的摆放位置、角度或者添加某种道具来使该部分产生适当反光等手段来解决这个问题。

手表表面有较为杂乱的反射光

光圈：F11 快门速度：1/60s 感光度：ISO100 曝光模式：光圈优先 曝光补偿：0EV

经过调整后手表表面看起来干净多了

光圈：F11 快门速度：1/60s 感光度：ISO100 曝光模式：光圈优先 曝光补偿：0EV

为了能很好地控制钟表的反光，此处在拍摄时只使用了一盏照明灯，若想在这样的光线条件下拍摄出较好的效果，就得充分利用反光板。钟表表面多由金属或者玻璃制成，如果采用直接照明，反光灯就会在钟表上产生倒影，所以应当使用硫酸纸或者柔光箱，制造出大范围的、柔和的光线，最好能够使商品整体产生反光。

使用硫酸纸或者柔光箱可以制造出柔和的光线

光圈：F11 快门速度：1/60s 感光度：ISO100 曝光模式：光圈优先 曝光补偿：0EV

在拍摄手表这样的金属及玻璃制品时，一定要注意对白平衡的把握，若是设置不当，会经常出现画面偏蓝的现象。摄影者最好使用手动白平衡，利用白纸进行测量，直到白纸呈现真正的白色，白平衡就正确了。在测量的时候，不一定非要相机与白纸形成水平，应该在充分考虑照明投射角度的基础上，设定白纸的角度，这样才能测定出更为准确的白平衡值。

光线被硫酸纸柔化，避免了轻度的反射光线

光圈：F8 快门速度：1/250s 感光度：ISO100 曝光模式：光圈优先 曝光补偿：0EV

白平衡设置错误导致的画面色彩偏蓝

光圈：F11 快门速度：1/60s 感光度：ISO100 曝光模式：光圈优先 曝光补偿：0EV

调节白平衡后色彩准确

光圈：F11 快门速度：1/125s 感光度：ISO100 曝光模式：光圈优先 曝光补偿：0EV

在了解了钟表的特性并掌握了基本的拍摄技巧后，我们可以进行创意拍摄，即搭配其他的物体并布置一些场景来进行拍摄。为钟表制造情境场面要先了解手表的风格，然后按照其风格找一些适合的物件来搭配，拍摄出富有美感的照片，并且尽量变换物件的搭配创意让画面更加生动有趣。

搭配其他物体使画面更加生动

光圈：F8 快门速度：1/125s 感光度：ISO100 曝光模式：光圈优先 曝光补偿：0EV

镜显真我——太阳镜的拍摄

太阳镜的拍摄重点在于不仅要很好地表现出镜架的材质和镜片的良好通透性，还必须真实地表现出镜框或镜脚部分的造型，以及细部的设计和整体的感觉，而且要突出太阳镜的风格特点。这说起来容易，但是做起来就不那么简单了。因为太阳镜的镜片会反射各式各样的景物，这样会给我们的拍摄造成很大的困难，我们必须寻找解决这一困难的方法。

首先，我们先来介绍拍摄眼镜的用光技巧，巧妙的用光可以很好地避免商品表面的反光。在照明时我们都会选择闪光灯加柔光箱，若是使用强烈的直接照明，金属眼镜就会出现严重反光，摄影者一定要在灯的前方使用硫酸纸来柔化光线。

在拍摄时，我们一般都选择让灯光从商品的后方向前方照射，照明之所以处于商品稍往后的位置，是为了使镜头的颜色得到更好的透射。因为背景是白色的，商品后半部分只有比前半部分更亮，眼镜镜片透射才能达到最佳效果，并且在相机的两侧放置两块反光板进行遮挡及补光。

太阳镜的拍摄重点在于要很好地表现出镜架的材质和镜片的良好通透性

光圈：F11　快门速度：1/125s　感光度：ISO100　曝光模式：光圈优先
曝光补偿：0EV

太阳镜的镜片具有很强的反射性

光圈：F11　快门速度：1/125s　感光度：ISO100　曝光模式：光圈优先
曝光补偿：0EV

从太阳镜的后方向进行打光照射

光圈：F11
快门速度：1/125s
感光度：ISO100
曝光模式：光圈优先
曝光补偿：0EV

拍摄眼镜时，在角度的选择上，我们一般都从斜向上方来拍摄，这样可使眼镜的形体得到完美地展现。斜构图可使眼镜看起来更加轻松，要比平淡的水平拍摄角度要有更好的视觉效果。太阳镜属于玻璃制品，根据玻璃材质的不同，镜片的颜色看上去可能也会不同，因此在拍摄时，还要注意应当把重点放在对太阳镜颜色的表现上，这也是拍摄太阳镜非常重要的一环。

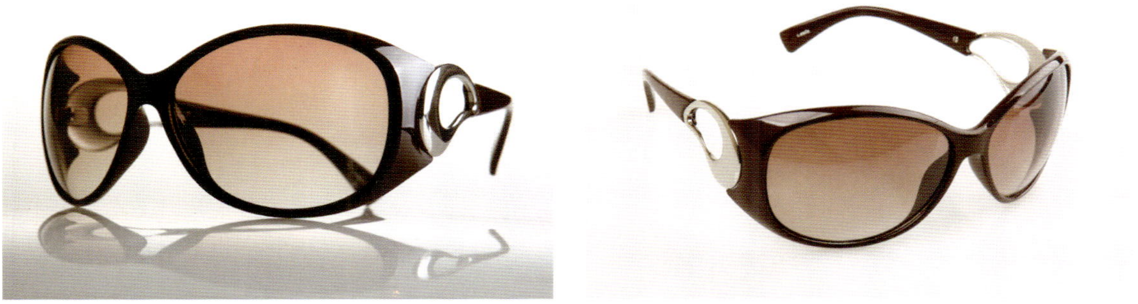

从斜向上方来拍摄可使眼镜的形体得到完美地展现

光圈：F8 快门速度：1/125s 感光度：ISO100 曝光模式：光圈优先 曝光补偿：0EV

在拍摄太阳镜的时候，最好不要使用带有颜色的背景，因为带颜色的背景，会影响到眼镜镜片的真实表现，这也是初学者容易犯的一个错误。比如，本来眼镜的镜片颜色是浅茶色的，由于加了一张浅蓝色的背景纸，使得眼镜的镜片颜色变得比本身更深，根本拍不出它原本的颜色，这样对于眼镜的拍摄来说是最忌讳的。

有色背景会影响镜片的色调

光圈：F11 快门速度：1/125s 感光度：ISO100 曝光模式：光圈优先 曝光补偿：0EV

应该使用白色的背景

光圈：F11 快门速度：1/125s 感光度：ISO100 曝光模式：光圈优先 曝光补偿：0EV

美妆诱惑

拍摄化妆品最重要的是要把绚丽缤纷的化妆品拍得美不胜收。化妆品的包装一般都很精美，无论从材质还是颜色来看都很精致，所以要把它们表现得尽善尽美，主要考虑的应该是灯光和拍摄角度的问题。

拍摄化妆品最重要的是要把绚丽缤纷的化妆品拍得整洁清爽

光圈：F8 快门速度：1/125s 感光度：ISO100 曝光模式：光圈优先 曝光补偿：0EV

化妆品的种类很多，各自的材质和特点也不尽相同，下面我们来详细地介绍各种不同种类的化妆品的拍摄技法。

对于爱美的女性来说，爽肤水及乳液的使用是必不可少的，也是摄影者经常选用的拍摄题材。拍摄这类产品要尽量拍摄得清新、淡雅，能体现产品的特性。爽肤水的拍摄，光线的运用是相当重要的，根据拍摄体的性质——反光与否、形状、材质，来决定灯光的柔和度，是把灯光适当拉远还是贴近，或是一侧光强一侧光弱，还是两边光线

强光线照射下的光影非常强硬

光圈：F11 快门速度：1/60s 感光度：ISO100 曝光模式：光圈优先 曝光补偿：0EV

光线经过柔化后拍摄的效果

光圈：F11 快门速度：1/125s 感光度：ISO100 曝光模式：光圈优先 曝光补偿：0EV

平衡，这都是拍摄时需要考虑的。通常我们所使用的一部分化妆品瓶子的材质都是半透明或全透明的玻璃材质，那么一般这样的材质我们都使用柔光照明，尽量使用柔光罩对光线进行柔化，若是使用直接照明，会使瓶子产生强烈的反光，非常刺眼。所以拍摄这一类化妆品时都会使用硫酸纸或其他物品来柔化光线。

在灯具上使用硫酸纸拍摄的效果

光圈：F11 快门速度：1/125s 感光度：ISO100
曝光模式：光圈优先 曝光补偿：0EV

未使用硫酸纸拍摄的效果

光圈：F11 快门速度：1/125s 感光度：ISO100
曝光模式：光圈优先 曝光补偿：0EV

在背景的选择上，可以使用白色的静物台或渐变纸进行拍摄，渐变纸拍摄可以使背景呈现非常自然的明暗渐变。当然摄影者也可以根据产品的颜色来选择背景的颜色，使画面的色调更加丰富。

化妆品的拍摄中，位置的摆放是关键，如何体现出层次关系、画面平衡与色彩搭配直接影响到照片的可观赏性，这其实是对构图水平的一个练习。对于一些造型特殊的护肤品来说，在拍摄时要尽量采用能体现它们自身特点的角度进行拍摄。比如大幅度的俯仰拍摄或借助其他工具进行拍摄。选择一些漂亮的配景也可使产品的格调上升，使画面富有情趣。

用花朵为画面增添情趣

光圈：F11 快门速度：1/125s 感光度：ISO100 曝光模式：光圈优先 曝光补偿：0EV

■ 图片提示

1. 使用中焦镜头拍摄
2. 使用半透明明基片作为背景
3. 使用硫酸纸遮挡灯光
4. 注意构图的平衡
5. 要注意商标的亮度

在化妆品中有一部分产品是透明的，比如香水通常用玻璃瓶包装，而女性平时用的化妆水和香水的包装相似，这两类商品有很大的共性。

要想把香水拍好，并非一件容易的事，因为香水瓶大部分是透明的玻璃材质，这种材质最大的特点在于它能“透过”光线，稍有大意就会曝光过度，所以拍摄时尽可能在反映其通透性上下工夫，一般采光方式以偏后侧的逆光为主，以表现香水瓶晶莹剔透的质感为拍摄重点。

以偏后侧的逆光为主，以表现香水瓶晶莹剔透的质感为拍摄重点

光圈：F8
快门速度：1/125s
感光度：ISO100
曝光模式：光圈优先
曝光补偿：0EV

一般我们在拍摄香水瓶时都使用黑色背景纸或白色背景纸。黑色背景下拍摄的香水给人一种神秘、诱惑的感觉，白色给人一种干净、清新的感觉，摄影者可以根据不同的感觉来使用不同的背景。

对于半透明的香水瓶，我们在拍摄时，应当充分利用间接照明和光的反射拍摄出瓶子的内部。例如下面的图片中，我们使用白色的背景纸拍摄的香水，将照明灯位于香水瓶的两侧，照明灯使用柔光箱，使光线柔和，避免直接照明产生浓重的阴影，影响视觉效果。由于背景是白色的，背景反射的照明光线会穿过香水瓶照出瓶里的颜色。但若是使用暗色背景，没有照明光线穿过容器，商品就会发暗。此时，我们可以自制反射光，可以根据香水瓶的大小，在它的后面竖起一小块白色反光板，该反光板会对照明光线进行反射，使之穿过香水瓶。从右下方的图片中可以看出，使用反光板后拍摄出的照片更好地展现了商品的颜色。

制作小型白背景板

光圈：F11　快门速度：1/125s　感光度：ISO100　曝光模式：光圈优先
曝光补偿：0EV

白色的背景下的香水瓶显得晶莹剔透

光圈：F11　快门速度：1/125s　感光度：ISO100　曝光模式：光圈优先
曝光补偿：0EV

在拍摄透明的香水玻璃瓶时，要想使香水瓶非常通透，一般我们都使用照明灯，使光线穿过容器，且最好使用强光照明。以商品为中心时，两盏照明灯分别位于商品的左侧和后面正中央，左侧的照明灯光最好使用柔光箱进行照明，而位于产品后方的灯可以使用直接照明，安装上蜂巢，且亮度最好要比左侧的灯光亮。此时白色背景纸和黑色背景纸都可以使用，只是白色背景纸颜色较亮，所以光能够更好地穿过瓶子，使瓶子颜色看上去更加晶莹剔透。

拍摄香水时的设备与基本的打灯方式

光圈：F5.6 快门速度：1/30s 感光度：ISO200 曝光模式：光圈优先 曝光补偿：0EV

使用黑色的背景拍摄的效果

光圈：F11 快门速度：1/125s 感光度：ISO100 曝光模式：光圈优先 曝光补偿：0EV

将香水瓶放在白背景前，两盏灯左右平均对香水瓶照射，这个是最简单且经常使用的产品拍摄布光方式。如果有条件可以加底灯或顶灯拍摄，这样效果会更好。布光时有一个细节需要特别注意，假如你拍摄的是一个瓶体透明而瓶盖颜色较深的香水，如果没有充足的光线照射到深颜色的瓶盖，那么很容易出现瓶身曝光正常瓶盖欠曝的问题，即瓶盖变成黑乎乎的一片，很难分辨瓶盖上的标志，这时要尽量让光线照射到瓶盖。另外，细节展示必不可少，香水的包装盒以及香水揭盖后的效果都可以拍摄下来。

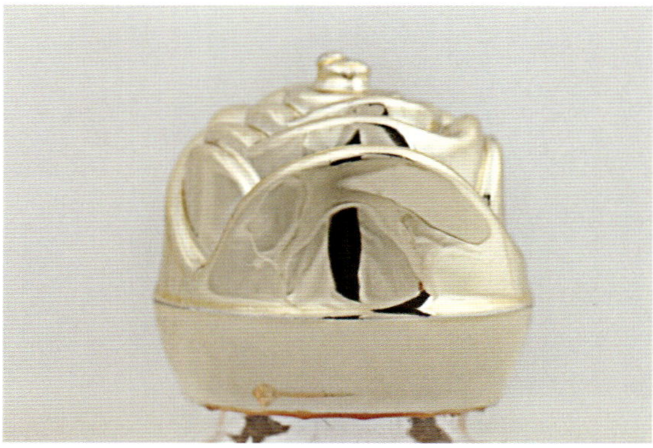

香水瓶细节图

光圈：F11 快门速度：1/125s 感光度：ISO100 曝光模式：光圈优先 曝光补偿：0EV

口红是爱美女性最常用的化妆品，口红的外包装通常都是金属材质的，所以很容易产生反射，拍摄口红的时候，可以使用遮光板来强调金属材质。此外，口红一般都使用柔光箱来进行拍摄，若使用闪光灯直接照明，最好在前面用硫酸纸来柔化光线，在另一侧使用白卡纸进行反光。一般我们都是在静物台上拍摄物品，在静物台的下方用灯光打底或者将物品放在桌子上使用白纸作背景来拍摄，都可以使画面更加干净雅致。

口红的外观通常都非常精致，非常漂亮，其内部也有着丰富的内容，值得拍摄。我们可以将口红盖打开以展示它的结构，摆放时可以使其中的一支外表完整，另外的去掉盒盖，看清口红里的实质。摄影者也可以将口红旋转出来，至合适的长度，拍摄效果会更出色。

在拍摄口红这类的化妆品，一定要在摆放上多下功夫。该如何摆放？这会随着被摄体的种类和照片使用的目的而改变。这需要摄影者根据需要进行调整。拍摄口红时，若是将口红立直拍成一排，画面会非常单调、乏味，摄影者可以将口红以灵活的方式摆放，例如一支放高，一支横放在平面上，参差、错落的造型反而能给人带来视觉上美感。

摄影者还可以将口红搭配花朵或其他配景进行拍摄，也可以利用口红的外包装作为配景，使画面更加丰富。

使用遮光板来强调金属材质

光圈：F8 快门速度：1/250s 感光度：ISO100 曝光模式：光圈优先 曝光补偿：0EV

将口红打开以展示其结构

光圈：F11 快门速度：1/125s 感光度：ISO100 曝光模式：光圈优先 曝光补偿：0EV

用花朵来点缀画面

光圈：F11 快门速度：1/60s 感光度：ISO100 曝光模式：光圈优先 曝光补偿：0EV

睫毛膏的外形与口红类似，但它通常都是用塑料瓶包装，拍摄难度较香水及口红稍低一些。这类商品只需要如实地表现出商品的外观即可。

通常情况下，睫毛膏的瓶身都很光滑，也容易反光，所以需要用两盏灯进行照明，同时又不能直接将光线照射到睫毛膏的瓶身上，而是可以在灯头前加上柔光箱，放置在睫毛膏的两侧，让瓶身接受到柔和的光线。拍摄时，注意两边照射光亮度的一致以及反射区域大小的一致，这样拍摄出来的作品会比较好看。如果你将其摆放在白色拍摄台的中间，你会发现拍摄出来的睫毛膏的下部会有明显的拍摄台的反光，影响了光斑的形状，使画面效果不理想。如果将睫毛膏摆在拍摄台边缘的位置会好很多，当然使用黑卡纸做背景，不仅更加方便，而且也能得到更好的效果。

用两盏灯进行照明拍摄表现其反光特性

光圈：F11 快门速度：1/125s 感光度：ISO100 曝光模式：光圈优先 曝光补偿：0EV

拍摄口红时我们将口红盖打开进行结构的展示，那么睫毛膏我们也可以将其打开拍摄，以便让消费者了解其内部结构。

使用柔光灯拍摄

光圈：F11 快门速度：1/125s 感光度：ISO100 曝光模式：光圈优先 曝光补偿：0EV

将睫毛膏打开来展示其内部

光圈：F11 快门速度：1/60s 感光度：ISO100 曝光模式：光圈优先 曝光补偿：0EV

单独拍摄睫毛膏多少会有些单调，这时可借助其他的化妆工具或者化妆品一起拍摄，效果会好很多，画面看起来也更加丰富。另外，将睫毛膏拿在手里拍摄也是一种方法，可以让消费者看到商品的真实大小。

添加化妆镜来作为画面的陪衬物

光圈：F8 快门速度：1/125s 感光度：ISO100 曝光模式：光圈优先 曝光补偿：0EV

富有意境的玻璃制品

在我们的日常生活中，有很多物品是用玻璃制成的，比如各种杯子、玻璃工艺品等。玻璃用品的拍摄要着重突出它透明的特点。并且一般玻璃制品的制作都比较精致，因此拍摄时要着力刻画它精致的造型和晶莹剔透的材质。

拍摄玻璃制品时要着力刻画它精致的造型和晶莹剔透的材质

光圈：F8 快门速度：1/200s 感光度：ISO100 曝光模式：光圈优先 曝光补偿：0EV

玻璃杯的拍摄方法与之前讲过的香水瓶的拍摄方法相似，它们都属于玻璃制品，玻璃制品的拍摄难度比较大，因为玻璃是透明的，那么怎样才能够表现出玻璃制品的通透感呢？通常我们会将被摄物体玻璃制品放置在白背景前，或者是半透明白色的板材前面，最好是使用半透明PVC板做背景，这种材料能够透过光线而产生非常丰富的层次感，非常适合拍摄这类物品。

拍摄之前首先要做的是将玻璃制品用柔软的纸张或者棉布清理干净，避免指纹、灰尘等污物在照片上留下瑕疵，影响美观。

使用半透明的明基片做背景

光圈：F8 快门速度：1/200s 感光度：ISO100 曝光模式：光圈优先 曝光补偿：0EV

拍摄前要去除玻璃杯上的污物

光圈：F8 快门速度：1/200s 感光度：ISO100 曝光模式：光圈优先 曝光补偿：0EV

拍摄时，将玻璃杯放在静物台上，然后在静物台后放置一盏灯，正对着被摄物体打光，这里要注意调节灯头的亮度。否则很容易出现曝光过度的情况。检查一下背后那盏灯的光区是否将玻璃制品打亮，这盏灯的作用不仅仅在被摄物本身，还对画面的背景有重要的作用。灯光会产生一个明亮的光区范围，摄影者可以调节灯头的方向，改变在画面背景上的光区形状，这种变化可以赋予画面不同的感觉。

拍摄时要注意光线，避免曝光过度

光圈：F8 快门速度：1/200s 感光度：ISO100 曝光模式：光圈优先 曝光补偿：0EV

技巧提示

操作时最好戴上干净的白手套，因为清理过的玻璃制品很容易就沾上人的指纹。

如果有些玻璃杯或者其他的玻璃制品在正面有一些细节需要用光线来照亮，这时可以视情况需要，在玻璃制品的正面添加一到两盏灯。比如，玻璃制品正面有文字或者花纹时，可以在它的前方某一角度打一盏灯将它照亮。

只用一盏灯拍摄得到的效果

光圈：F8 快门速度：1/200s 感光度：ISO100 曝光模式：光圈优先 曝光补偿：0EV

在前方添加柔光灯的效果

光圈：F8 快门速度：1/200s 感光度：ISO100 曝光模式：光圈优先 曝光补偿：0EV

拍摄杯子时的角度以平视为好，可以真实再现杯子的高度和粗细，过高或者过低的角度都会使杯子变形，使拍摄的照片与实物存在一定的差异。

商业摄影要做的就是真实地还原商品的样子，但是有些照片往往追求一些特殊效果，反而严重破坏了商品本身的真实性，消费者看到这些照片的时候，就误以为商品的实际样子就是这样，拿到实物时才发现与图片有很大的差别，这样消费者会认为

如实地还原商品的外观是商业摄影中最重要的

光圈：F8 快门速度：1/125s 感光度：ISO100 曝光模式：光圈优先 曝光补偿：0EV

商家欺骗了他们，所以，展示商品真实的一面非常重要。

不过，如果想要吸引消费者，偶尔制造一些奇特的效果是非常必要的，如果一味中规中矩地拍摄会让照片显得呆板、模式化，因此拍摄时既要真实地还原商品特色，也要有比较奇特的画面效果。

既要真实地还原商品特色，也要有比较奇特的画面效果

光圈：F8 快门速度：1/125s 感光度：ISO100 曝光模式：光圈优先 曝光补偿：0EV

服装的拍摄

服装是我们生活中不可或缺的物件，在我们日常生活需求的衣、食、住、行四要素中名列首位，可见服装对于我们人类的重要性。因此服装也就顺理成章地成为我们现代生活中最重要的商品之一。

棉质的服装应根据其柔软细密性特点进行拍摄

光圈：F13 快门速度：1/125s 感光度：ISO100 曝光模式：光圈优先 曝光补偿：0EV

服装的拍摄不同于其他的物品，由于服装的材质较特别，而且材质的种类有较多，因此拍摄前首先应该了解这些不同材质的特点，比如棉、麻、涤纶等不同的材料，它们各自都有哪些特点，在拍摄时

我们要仔细琢磨怎样拍摄，怎样用光才能够将它们的特点很好地表现出来。

衣服的拍摄有实物陈列拍摄和模特展示拍摄等方式。而实物陈列又有悬挂拍摄和平铺拍摄两种，下面我们来进行详细地介绍。

要注意不同材质的表现

光圈：F8 快门速度：1/200s 感光度：ISO100 曝光模式：光圈优先 曝光补偿：0EV

使用白色背景拍摄悬挂的黑色上衣

光圈：F11 快门速度：1/125s 感光度：ISO100 曝光模式：光圈优先 曝光补偿：0EV

通常商场中衣服都是在衣架上挂着销售的，这样可以使消费者一目了然。在拍摄悬挂着的衣服时，要注意背景和照明的设置方法。如果想得到单色背景的照片，就只需要白色的背景，周围使用遮光板，正面放置光源即可。如果想通过背景颜色来衬托出更好的拍摄效果，就需要准备不同颜色的背景纸。为了节省开支，可以到文具店购买彩色的卡纸，根据不同颜色的衣服来搭配拍摄。

布光示意图

光圈：F4 快门速度：1/125s 感光度：ISO100 曝光模式：光圈优先 曝光补偿：0EV

■ 图片提示

1. 使用中焦镜头拍摄
2. 拍摄时注意布光要均匀

拍摄时首先应该将现场布置好，然后将衣服挂在衣架上调整好造型。衣架的选择也很重要，应该注意根据不同的衣服来选择，如衬衫类的衣服应该用带有泡沫的衣架，而内衣和泳衣需要用专用衣架等。

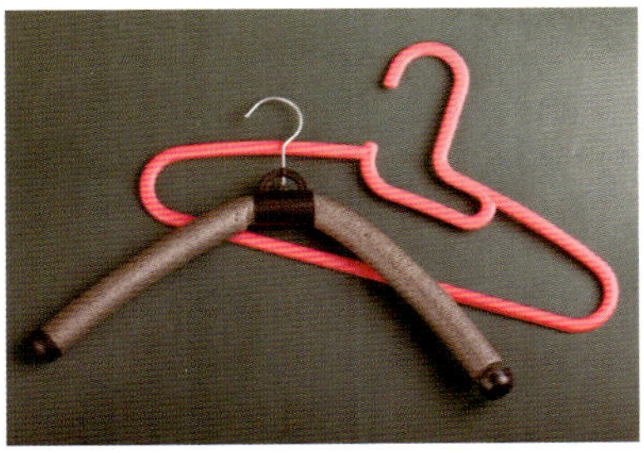

根据情况选择不同的衣架

光圈：F13 快门速度：1/200s 感光度：ISO100 曝光模式：光圈优先 曝光补偿：0EV

衣架上绑上两个气球能使女性上衣更有型

光圈：F8 快门速度：1/200s 感光度：ISO100 曝光模式：光圈优先 曝光补偿：0EV

技巧提示

如果想让女性上衣在悬挂起来更加有型、真实，我们可以采取一些小技巧，比如，用一个封闭型的三角衣架，在上面绑两个小气球，气球大小如女性的胸部。这样衣服套上去之后，胸部的曲线就会被勾勒出来，看起来就会立体许多，效果更好。

将衣服平铺拍摄是网络购物众多卖家最常用的拍摄手法，因为平铺拍摄相对于其他两种拍摄方式更简单一些。通常T恤、裤子、裙子等无需突出立体效果的，都可以采用平铺拍摄的方式。

平铺拍摄的背景选择也是很重要的，一般建议采用白色的背景布或者可以选择与衣服颜色协调的相近色或者对比色，这样才能很好地衬托出服装的档次。拍摄背景要选择平整无皱，颜色不影响衣服的完整性，也就是说不要用与衣服颜色一样的背景纸，也不能用反差过于强烈的颜色。所以有很多卖家选择在未上漆的木地板上拍摄，因为木头的颜色是最自然的，能够衬托任何色彩，这也是种不错的方法。另外，也可以选择一些灰色调的布料来作为背景，但使用之前一定要熨烫平整。

将裤子铺平拍摄时，要根据不同面料摆出不同的造型，如正装就要摆得正式一些，牛仔裤或运动裤就可以摆得随意些。拍摄裤子的时候也要注意面面俱到，裤脚、拉链等细节都需要拍摄到。

将衣服平铺拍摄

光圈：F8 快门速度：1/125s 感光度：ISO100 曝光模式：光圈优先 曝光补偿：0EV

衣服图案的细节图

光圈：F8 快门速度：1/200s 感光度：ISO100
曝光模式：光圈优先 曝光补偿：0EV

衣服做工的细节是买家看中的要点之一

光圈：F8 快门速度：1/200s 感光度：ISO100
曝光模式：光圈优先 曝光补偿：0EV

衣服的吊牌

光圈：F8 快门速度：1/200s 感光度：ISO100
曝光模式：光圈优先 曝光补偿：0EV

光线的布设是展现服装布料的最重要手段，不同的布料需要由不同的布光方法来照明，我们通过一组照明拍摄实例图，来看看几种常用的拍摄光位及拍摄效果。

牛仔裤平铺的整体效果

光圈：F8 快门速度：1/125s 感光度：ISO100 曝光模式：光圈优先 曝光补偿：0EV

牛仔裤的局部细节

光圈：F8 快门速度：1/125s 感光度：ISO100 曝光模式：光圈优先 曝光补偿：0EV

如果我们只使用一盏灯照明，也就是影视摄影中常说的单灯拍摄，我们可以看出灯光只朝一个方向投射，导致光线背面产生明显的阴影，光源另一侧的细节都没能照到。

如果我们使用双灯照明，即使用两盏相同强度的灯，进行对称性地照明，这样画面中就不会出现过于强烈的阴影和较大的光比，看起来会舒服很多。

单灯拍摄的布光方式和拍摄效果

光圈：F8 快门速度：1/200s 感光度：ISO100 曝光模式：光圈优先 曝光补偿：0EV

双灯拍摄的布光方式和拍摄效果

光圈：F8 快门速度：1/200s 感光度：ISO100 曝光模式：光圈优先 曝光补偿：0EV

技巧提示

双灯拍摄时会在背景布上投射出两个阴影，拍摄取景时要注意不要将难看的阴影摄入画面，另外如果需要摄入大面积的背景时也可以加背景灯来去除投影，这样拍摄起来就方便多了。

平铺拍摄和悬挂拍摄都是以实物陈列的方式来拍摄，但是最好的服装展示方式就是真人模特着装来拍摄。这种拍摄的方式能够更好地展现商品的线条和样式，甚至是商品的气质。由于室外拍摄受限于天气和环境的复杂变化，通常都会选择在室内拍摄，而且这样光源也比较好控制。

条件允许的话，建议采用真人模特来拍摄。如果有经济条件请专业的模特来拍摄，那么效果当然更好，如果你对自己的身材很有自信，自己当模特也是不错的选择，还可以节省开支。挑选模特的时候要注意尽量选择能展示衣服特色，符合衣服风格的对象。

以不同的姿势拍摄的服装模特照

光圈：F11 快门速度：1/125s 感光度：ISO100 曝光模式：光圈优先 曝光补偿：0EV

在室内拍摄的时候，照明的角度相当重要，想要拍摄出好的商品照片一定要掌握好这点。通过光线来表达衣服的质感，一般而言，质感细腻的衣料适合用柔和的光线，而质感粗糙的衣料适合直接打光，以弥补质感差的感觉。光位的设置基本可以根据挂拍衣服的用光来布置，可以根据人物的身材适当调整光的高低和角度，用真人模特拍摄的最大优势就是可以要求模特摆出不同的造型，从而更好地衬托衣服。

虚化背景以突出主体

光圈：F8 快门速度：1/250s 感光度：ISO100 曝光模式：光圈优先 曝光补偿：0EV

以街拍的方式拍摄服装模特

光圈：F8 快门速度：1/250s 感光度：ISO100 曝光模式：光圈优先 曝光补偿：0EV

在室外拍摄时，通常不需要灯光，使用自然光就好，但是对于天气的要求自然也会相对变高，拍摄的时候会受到这种客观因素的制约。拍摄时要把握住时机，因为所需的太阳光角度和亮度会随着时间发生改变。在室外拍摄的时候大的反光板是必须准备的，如果没有购买专业的长形大型反光板，可以使用大块的白色泡沫做简易反光板，拍摄时建议使用大光圈和较小的景深来拍摄，这样可以很好地突出被摄主体，使背景虚化。如果没有专业的室内影棚，还是建议到室外的日光下拍摄，日光是最自然的光线，是再专业的摄影灯也无法比拟的。上午的9~11点和下午的3~5点是拍照比较适合的时间,要避免中午阳光直射时外出拍摄,这样会在模特的脸上形成不均匀的光斑。此外在逆光拍摄时，通常出现人物曝光不足的现象，建议使用闪光灯进行曝光补偿。

有很多人通常有这样的误区：太阳大的晴朗天气最适合拍照，而且常常顺光拍摄，认为这样光线足，拍摄出来的作品比较好看。其实并非如此，即便是阳光很好，也要避免阳光直射在模特的脸上，也就是避开阳光拍摄，因为直射的阳光过强，常常让模特皱眉眯眼，表情极其不自然。可以用侧光拍摄然后利用反光板补光，均匀的光线最适合拍照，衣服的颜色和质感都能得到很好的表现。由此看来，太阳太大的天气拍摄时光线的把握的确有一定的难度，所以阴天拍摄是个不错的选择。

另外在室外拍摄的时候，还可以模拟街拍的方式，让模特处在完全放松的状态下，像日常生活中的状态一样，给人真实自然的感觉。

晴天的光线过于强烈不利于拍摄

光圈：F8　快门速度：1/250s　感光度：ISO100　曝光模式：光圈优先
曝光补偿：0EV

阴天的光线较为柔和非常适合拍摄

光圈：F8　快门速度：1/250s　感光度：ISO100　曝光模式：光圈优先
曝光补偿：0EV

数码产品——科技与时尚的完美结合

随着科技的发展，社会的进步，数码产品逐渐步入了普通百姓家，成为新时代的畅销产品。数码产品带给我们全新的视听体验，让我们享受到前所未有的便利，五花八门的产品多得数不清。下面我们着重介绍其中几种产品的拍摄：数码相机、MP3、手机、笔记本电脑。掌握了这几样商品的拍摄方法，你就基本上可以对付大部分的数码产品了。

数码产品适合搭在一起来组合拍摄

光圈：F2.8 快门速度：1/30s 感光度：ISO100 曝光模式：光圈优先 曝光补偿：0EV

首先我们来介绍数码相机的拍摄方式。数码相机的大体形状是一个长方体，长方体通常有六个面，我们在拍摄的时候，要分析哪个面是数码相机的独特之处，哪个面是我们想着力表现的。这种有针对性，能表现产品最大特征的照片，可以用作主画面，它传递给观者的信息价值会更高一些，当然你也可以拍摄相机的每个面，这种照片可以极好地辅助说明相机的各种规格，让观者有一个比较全面地了解。

通常数码相机呈四面体形状，有六个面，我们在拍照片的时候，最多可以同时表现它的三个面。一般说来面数越多，拍摄出来的画面越有立体感，这是毋庸置疑的，同时展现的面数越多越能描述相机的真实外观。

将能表现产品最大特征的角度作为表现重点

光圈：F8

快门速度：1/125s

感光度：ISO100

曝光模式：光圈优先

曝光补偿：0EV

相机的侧面图

光圈：F8　快门速度：1/200s　感光度：ISO100　曝光模式：光圈优先
曝光补偿：0EV

从斜向角度拍摄相机

光圈：F8　快门速度：1/200s　感光度：ISO100　曝光模式：光圈优先
曝光补偿：0EV

技巧提示

拍摄相机时要尽可能地多展示其几个面和角度，这样可以让观众对相机的设计有更加全面的了解。

拍摄数码相机这类产品，应该把握住产品的几个基本要点，比如镜头的表现及其立体感。镜头的表现要求使用不同的附件，镜头上产生的光晕是不同的。产品立体感的表现就要求将相机的不同的面，用不同的亮度区分开。如果可以，对相机的按钮和图标进行具体的讲解，免去消费者看说明的麻烦。LCD屏是相机的关键，展示出其尺寸是细节图必不可少的。最后，相机电池的细节也要拍摄下来。

展示相机的背面

光圈：F8　快门速度：1/200s　感光度：ISO100　曝光模式：光圈优先
曝光补偿：0EV

展示镜头等细节

光圈：F8　快门速度：1/200s　感光度：ISO100　曝光模式：光圈优先
曝光补偿：0EV

MP3可以随身携带，让我们把音乐带在身边，非常方便，MP3体积很小，设计感十足，大部分产品面对的是时尚一族。当然，每款产品的定位也有所不同，在这里我们主要要表现出MP3的形体和颜色，以及它的设计感。在拍摄前要找出该产品的特点，确定好角度，再进行拍摄。

拍摄时要表现出MP3的形状和颜色

光圈：F8　快门速度：1/200s　感光度：ISO100　曝光模式：光圈优先
曝光补偿：0EV

由于MP3的材质大部分比较光滑，反光又很强，所以在拍摄的时候要注意消除MP3表面的反光，由于其体积较小，用光的时候比较难控制。我们建议在拍摄时使用柔光，这样产品表面看起来会比较细腻柔润。控制好产品上反光面积的大小，有利于表现其质感，比如：在屏幕上出现一道利索的反光，对表现屏幕的质感是很有帮助的，这也是当前数码产品广告里常用的手法。制造这种反光可以借助白纸来实现，调整白纸的位置就可以改变反光在产品上的位置。

拍摄时的布光示意图

光圈：F5.6 快门速度：1/125s 感光度：ISO100 曝光模式：光圈优先 曝光补偿：0EV

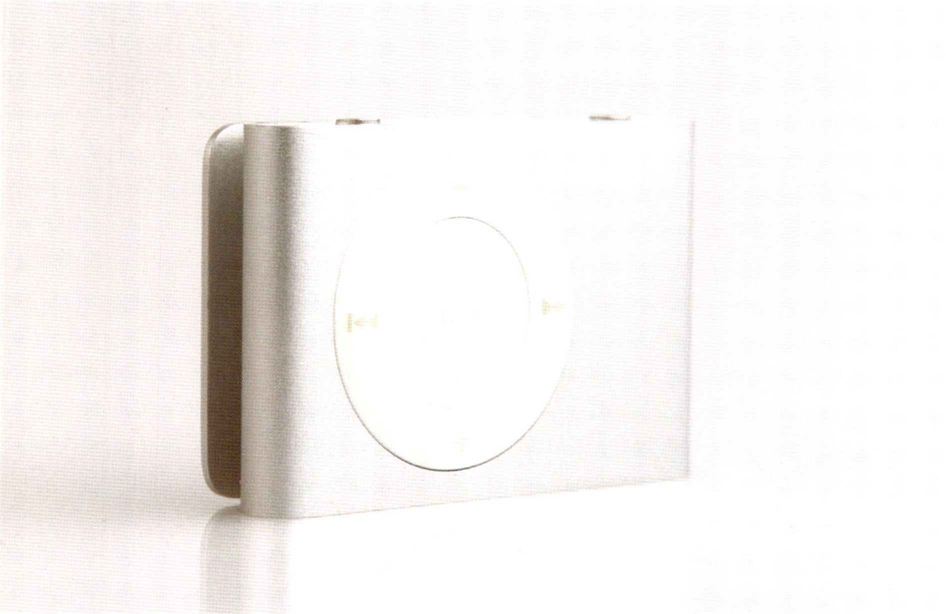

注意消除表面的反光

光圈：F8 快门速度：1/200s 感光度：ISO100 曝光模式：光圈优先 曝光补偿：0EV

由于数码产品反光较强，在拍摄前一定要注意清洁，否则在后期修片的时候非常麻烦，最好戴手套操作。可以将产品放到静物台上，找适合的角度拍摄。确定机位后开始布光，布光的时候建议使用柔光，光线太硬的话，照片效果显得生硬，而且会在产品上面产生高亮的光点。摄影者可以从各个角度拍摄产品，展现产品不同方面的特点。

拍摄MP3的背面

光圈：F8 快门速度：1/200s 感光度：ISO100 曝光模式：光圈优先 曝光补偿：0EV

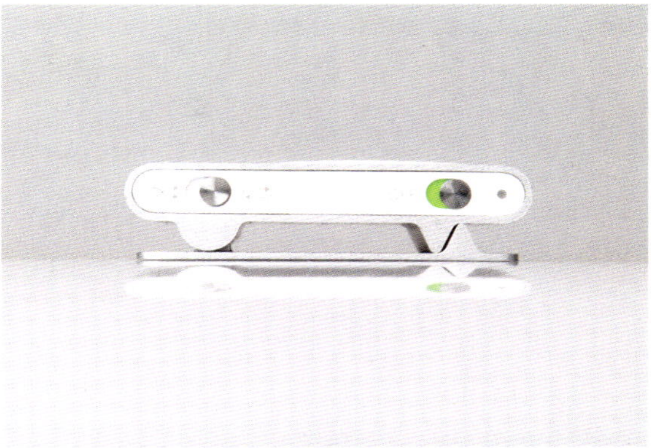

拍摄MP3的顶部

光圈：F8 快门速度：1/200s 感光度：ISO100 曝光模式：光圈优先 曝光补偿：0EV

技巧提示

拍摄MP3时，由于MP3的体积较小，因此可以用微距镜头来拍摄，不过注意在拍摄时一定要控制好景深的大小，以免主体物模糊。

对于笔记本电脑来说，它的结构虽然简单，就好似放大的翻盖手机一样，但是拍摄起来并不容易。首先，笔记本的体积都较大，这就加大了灯光处理的难度。如果灯光不能均匀地散布，那么拍摄出的照片效果一定不理想。

拍摄整体时，可以用常规角度来拍摄，而拍摄键盘时我们可以加大倾斜角度来拍摄，效果会更好。拍摄时应该考虑哪个角度适合，并且要考虑可能需要用额外的灯具来增加照明，另外控制好高亮地区的反光，是如何很好地表现笔记本质感的关键之处。

在实际拍摄时要注意一些问题，首先要清洁笔记本电脑，笔记本电脑屏幕较大，很容易沾染指纹，操作的时候一定要戴手套。其次要寻找拍摄角度，找到自己想要突出表现的面，确定相机的位置。最后开始用光，找出笔记本电脑主要面的反射面，布置光线。光线不足时可适当用灯具增加照明，用多少灯具根据画面状况决定。

另外还要注意，无论是笔记本本身的摆放角度还是我们的拍摄角度，都可以加大倾斜度来拍摄。虽然笔记本不同于相机，没有那么多的面需要拍摄，但是各个地方的插孔却需要我们注意。所以我们需要用最少数量的照片来全面反映笔记本电脑上的各个接口、插槽等。笔记本光滑的表面在拍摄时要注意灯光的控制。键盘的细节拍摄很重要，掌握好照明，拍摄出富有质感的照片能够让消费者想象到舒适的手感。

拍摄时要注意数码产品的光照均匀度

光圈：F8 快门速度：1/125s 感光度：ISO100 曝光模式：光圈优先 曝光补偿：0EV

用半透明的PVC板当做背景，这样可以得到你想要的任何效果

光圈：F8 快门速度：1/200s 感光度：ISO100 曝光模式：光圈优先 曝光补偿：0EV

拍摄时要将电脑支高，这样在后期制作时比较方便

光圈：F8 快门速度：1/200s 感光度：ISO100 曝光模式：光圈优先 曝光补偿：0EV

有些笔记本电脑在设计上可能会比较独特，会添加些设计感很强的亮光装饰整个机身，笔记本电脑的键盘上也可以亮灯，方便人们在夜间使用，此外，笔记本电脑的屏幕本身就是个发光体。那么我们怎样才能把这些有亮光的地方拍摄出来呢？如果按照一般的拍摄方式，拍摄出的图片上亮光不是很明显。我们可以设定好步骤再拍摄。首先要找准角度，对好焦点，将笔记本上该亮的灯都调亮。然后关闭屋内的所有灯，包括造型灯和相机的闪光灯，将相机调节成B门，对准笔记本长时间曝光，直到亮灯的区域得到正常曝光，同时记录下曝光时间。正式拍摄时，手握引闪器，在相机长时间曝光的时候引闪闪光灯。这种拍摄方式会得到一张效果非常好的照片，不仅亮灯的区域亮了起来，而且非亮灯的地方也得到了正常的曝光，看起来非常赏心悦目。有的相机有后帘同步快门，则可以直接将其调节到此挡位，安装好引闪器，在黑暗中对亮灯区域曝光，在快门闭合的一瞬间，相机会引闪闪光灯，非亮灯区域也会得到正常地曝光。

手机也是一种便携性的数码产品，但它在设计上更加严谨。拍摄时往往需要拍摄一张最有代表性的角度的照片，这个角度应该是既美观又能展现手机的独特风格和功能的角度。

尽可能将手机最有表现力的角度展现出来

光圈：F8 快门速度：1/125s 感光度：ISO100 曝光模式：光圈优先 曝光补偿：0EV

除了一个较为有代表性的角度外，拍摄手机的时候还可以尽量表现出它每个部分的设计，应该要有整体，有局部，还有各个不同的面，多拍摄几个角度，这样可以全面地展示手机的设计。拍摄中，需要注意灯光的控制，过亮会造成光滑的手机表面形成强烈反光，过暗又无法体现其真实外观。另外，手机的各个接口、键盘等也都需要拍摄。在拍摄细节照片的同时，要注意增加手机的立体感，可以在全细节图片的基础上改进，调节手机前方两盏灯的输出，将光比适当调大，可以得到有明暗部，带立体

感的手机。要想获得带有立体感的照片，最重要的是要将手机的各个面以不同的亮度区分开来，增加手机的三维立体感，比如将塑造手机侧面的灯光亮度降低，但是一定更要保证手机侧面的按键和细节都在，正面的保持正常曝光。这样整个手机会产生明确的明暗面，不同面的转折也比较明显。

在实际拍摄时首先要对手机进行清洁，清除脏污。可以找一些软的东西固定手机，比如用橡皮泥将手机粘在静物台上。布光时要注意为灯光加装柔光箱，柔光箱大小要根据实际的用途来定，拍摄这种数码产品一定要使用柔和的大面积光源，另外为了体现其立体感，应该将光比调整到适当的大小。

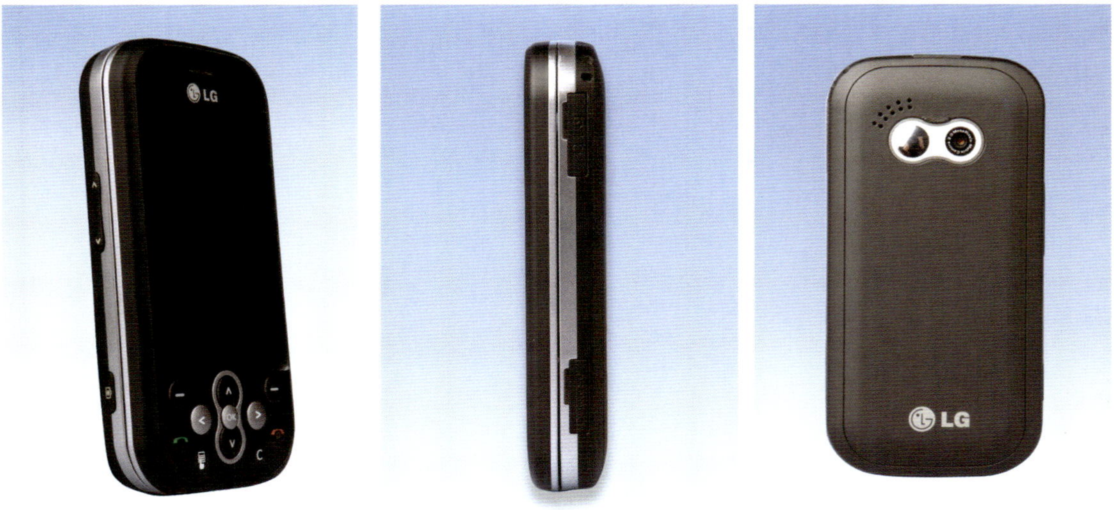

从不同角度拍摄手机，以全面展示其外观

光圈：F4　快门速度：1/500s　感光度：ISO100　曝光模式：光圈优先　曝光补偿：0EV

美轮美奂的珠宝首饰

高档的珠宝首饰总是让人们喜爱

光圈：F8　快门速度：1/125s　感光度：ISO100　曝光模式：光圈优先　曝光补偿：0EV

珠宝首饰的价值非常高，而且珠宝首饰被设计成无数种美观华丽的造型，高档的珠宝首饰总是让人们喜爱。

珠宝首饰包括：戒指、项链、手镯（链）、耳环等，这些饰品大多都带有金属光泽，所以拍摄起来也有一定的难度，下面我们就介绍一下首饰的拍摄方法。

戒指的体积非常小，拍摄的时候需要相当地细致。同时由于它自身材质的特点，需要拍摄出一定的光泽度而又不能太过。通常我们在商场中可以看到饰品柜里都打上了装饰灯，目的是为了让待售的饰品显得更加亮泽、高档，所以卖家们在拍摄自己宝贝的时候也要注意这点。戒指有各种各样的样式造型，而戒指本身又是非常浪漫非常美观的物品，所以在拍摄的时候一定要带着感情色彩来对其进行搭配并拍摄。

拍摄时要抓住戒指的外观特色

光圈：F8 快门速度：1/125s 感光度：ISO100 曝光模式：光圈优先 曝光补偿：0EV

拍摄戒指需要一系列的技巧，如果单独拍摄戒指可能看起来比较突兀，可以找一些陪衬物或者装饰物来拍摄，例如我们可以将戒指放在玫瑰花上或其他配景上来拍摄，或者使用非常具有质感，柔滑的丝绸布料，穿过戒指的指环，这样不仅可以使戒指立起来，也会拍摄出美观浪漫的效果。怎么样让小小的戒指立在台面上而且又不会影响画面呢？使用热熔枪就可以做到，热熔枪是一种靠电加热，而产生液态的胶溶液的一种工具，它的温度适中，不会损坏戒指。拍摄时可以使用自己搭建的静物台，使用热熔枪胶溶液将戒指固定在玻璃上。为了渲染画面氛围，我们可以在玻璃的下方放置玫瑰花或者别的花朵，这样拍摄出来的效果就好多了，更增添了一份浪漫的气息。

单一地拍摄戒指看起来有些突兀

光圈：F11 快门速度：1/200s 感光度：ISO100 曝光模式：光圈优先 曝光补偿：0EV

将玫瑰花作为配景来装饰戒指

光圈：F11 快门速度：1/200s 感光度：ISO100 曝光模式：光圈优先 曝光补偿：0EV

技巧提示

为了丰富画面，我们可以选择一些配饰添加到画面中，但是配饰的选择应该注意与戒指的风格符合。

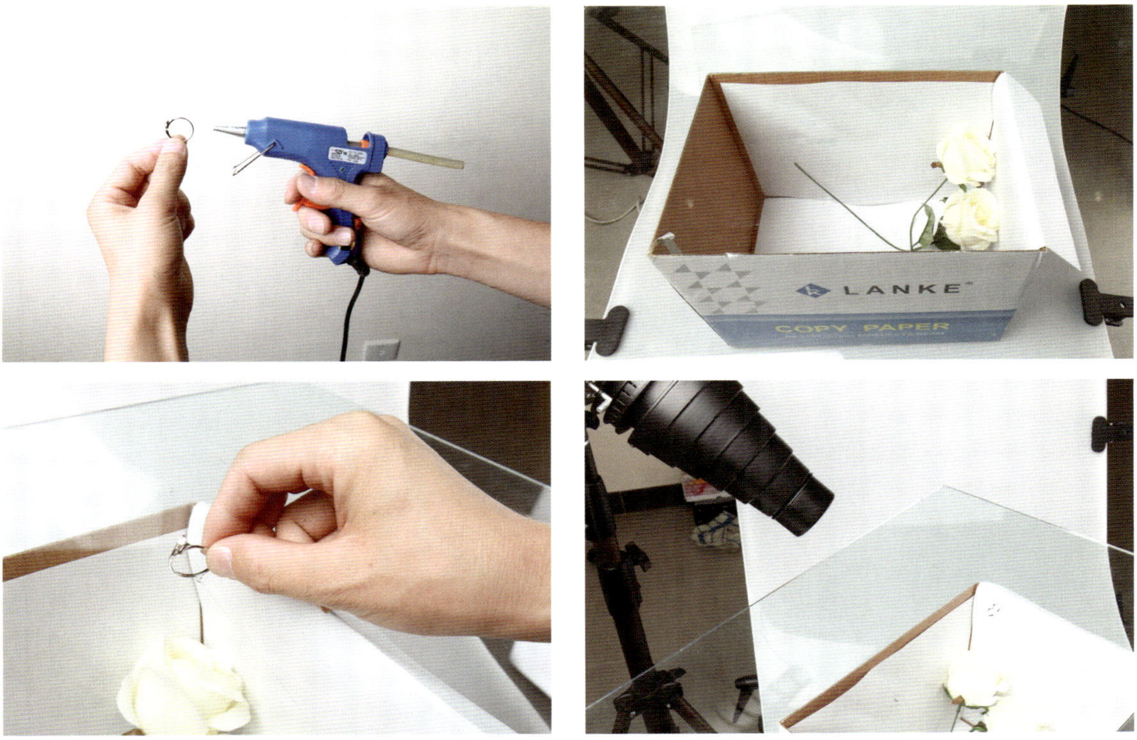

用热熔枪将戒指粘在玻璃台面上

光圈：F8 快门速度：1/200s 感光度：ISO100 曝光模式：光圈优先 曝光补偿：0EV

戒指固定后拍摄的效果

光圈：F8 快门速度：1/200s 感光度：ISO100 曝光模式：光圈优先 曝光补偿：0EV

使用单反相机来拍摄，摄影者就可直接使用微距镜头。背景应该根据戒指的色调进行选择，比如，在拍摄银质戒指的时候，我们可以在戒指下面放一张黑色的卡纸来作为背景，这样可以拍出银饰的质感。如果简单地以一定角度放在拍摄台上或者放在首饰盒里，拍摄出干净、简洁的画面也很不错。

使用微距镜头拍摄

光圈：F11 快门速度：1/125s 感光度：ISO100 曝光模式：光圈优先 曝光补偿：0EV

背景应该根据戒指的色调进行选择

光圈：F11 快门速度：1/125s 感光度：ISO100 曝光模式：光圈优先 曝光补偿：0EV

另外，戒指的拍摄也可以根据使用情况来定，即找一个手模来佩戴拍摄，对商品进行特写，其他部分是不用拍的，否则会喧宾夺主。手模的选择也要注意，特别是拍戒指，应该找一个拥有漂亮的、修长的手的模特来拍，这样才能起到好的宣传作用。

手模佩戴戒指拍摄的效果

光圈：F11 快门速度：1/125s 感光度：ISO100 曝光模式：光圈优先 曝光补偿：0EV

项链和戒指的材质大同小异，所以拍摄方式也基本相同。但是项链有不同的挂坠，不同的挂坠也会有不同的拍摄方法。拍摄的时候需要准备半透明的明基片静物台。

拍出项链的质感和精巧的做工

光圈：F8 快门速度：1/200s 感光度：ISO100 曝光模式：光圈优先 曝光补偿：0EV

在拍摄项链坠饰的时候，如果我们连带项链的链条一起拍摄进画面中，那么饰品看起来就会很小，也看不出链条的设计感，画面也极不美观，这种时候只要特写挂坠的部分就可以了，链条则可以以配角的身份来呈现，起到衬托挂坠的作用。

拍摄整条项链时坠饰会显得很小

光圈：F8 快门速度：1/200s 感光度：ISO100 曝光模式：光圈优先 曝光补偿：0EV

拍摄局部坠饰的画面效果

光圈：F8 快门速度：1/200s 感光度：ISO100 曝光模式：光圈优先 曝光补偿：0EV

技巧提示

拍摄首饰时应该注意为饰品添加符合饰品色调的背景，来营造和谐的氛围，这样给人以高贵的感觉，另外在布光时应该给饰品添加点缀光，也就是高光点，这样饰品的质感就更加突出。

拍摄时，还可以以正面全俯的角度拍摄，这样可以看到项链的全貌。另外细节的拍摄也不能忽略，如饰品上的细小纹路等。

拍摄名贵的金器比较费心思，因为一件贵重而又漂亮的饰品，如果随便放在平面上拍摄，就算你用一些特色的背景做底，也展现不出它的贵气。如果把金链放静物台上拍摄，显得平淡无奇，非常单调。后来我们改为把金链挂起（如右图所示），并以白色的布作为背景，放上几朵素色的玫瑰花为配景，但花一定要在焦点外，避免太清晰而导致喧宾夺主，这样一张十分有气氛的商品照片就诞生了。当然也可以放置别的物体，只要符合产品的整体风格即可。

灯光的布置可以非常简单，只要用一个大的柔光箱从左边照射，右边以镜面反光，单灯拍摄，就算是在室内一样可以拍摄出效果好的作品。

把金链挂起，以白布作为背景，以玫瑰花作为配景

光圈：F11 快门速度：1/125s 感光度：ISO100
曝光模式：光圈优先 曝光补偿：0EV

■ 图片提示
1. 使用微距镜头拍摄
2. 使用大光圈拍摄
3. 为坠饰添加高光点

耳坠小巧精致，拍摄时选择较为柔和的光线，能很好地体现出耳坠的质感、色泽感等。所以，我们在拍摄耳坠饰品时，尽量使用柔光箱，把产品放入柔光箱中，可以得到非常柔和、细腻的光线。柔光箱适合用于拍摄棉质、珍珠、银、玉等材质的耳坠，若是拍摄钻石类或玻璃类的耳坠，想拍出闪闪发光的效果时，不适合使用此种光线，使用聚光灯能起到很好的效果。如果拍摄的是耳钉，由于它本身比较固定而不像耳坠一样会摇动，我们可以直接摆放在拍摄台上，找好角度拍摄就可以了。

添加陪衬物

光圈：F8 快门速度：1/200s 感光度：ISO100 曝光模式：光圈优先
曝光补偿：0EV

打光时要按照耳坠的造型特点来布光

光圈：F8 快门速度：1/200s 感光度：ISO100 曝光模式：光圈优先
曝光补偿：0EV

巧拍舒适的家居用品

家具用品的拍摄应该重点突出其温馨实用的特点。由于室内空间比较狭窄，在室内拍摄大型家具有些困难，若是在户外拍摄，还可以往后退，利用望远镜头进行拍摄，但是在室内就不能这样做了。因此，一些室内大型的家具可能需要使用广角镜头进行拍摄，但还是要尽量避免物体变形过于严重。对于照明器具的部分，可以把灯点亮后再来拍摄，外观会比较漂亮。

背景杂乱不堪，难以突出背景

光圈：F8 快门速度：1/125s 感光度：ISO100 曝光模式：光圈优先 曝光补偿：0EV

找一块洁白的布作为背景

光圈：F8 快门速度：1/200s 感光度：ISO100 曝光模式：光圈优先 曝光补偿：0EV

由于广角镜头可以拍摄到很广的范围，因此，为了避免不必要的物品进入到画面中，在拍摄前就要对环境进行选择和检查，即便是一点点的小物品，只要它是多余的，就会令人觉得画面很杂乱。

如果是拍摄被褥或浴巾之类的物品时，只要说明它的尺寸，就没有必要拍摄其全貌。若是想了解被褥的厚度，可以拍摄边角；若是想展现细节部分，则可以专门把浴巾或被褥的图案呈现出来，上面的花纹也是消费者选择购买此产品的兴趣所在。

毛巾局部照片

光圈：F8 快门速度：1/125s 感光度：ISO100 曝光模式：光圈优先 曝光补偿：0EV

整齐地叠放的毛巾照片

光圈：F8 快门速度：1/200s 感光度：ISO100 曝光模式：光圈优先 曝光补偿：0EV

台灯也是最常用的家具用品，台灯的支架一般是可以自由调节的，拍摄前应该将灯架调整到一个合适的状态，即看起来最美观的造型，这样拍摄起来就非常容易出效果了。另外拍摄时应该注意，如果是在电源关闭的情况下，画面看起来就比较暗淡，在拍摄时一定要把电源打开，使台灯呈现发光的状态，而且应该将台灯调整到一个适当的亮度，这样就可以得到非常好的画面效果了，也会使拍摄的画面更有气氛。另外拍摄时应该尽量变换更多的角度来寻找台灯最好看的造型。

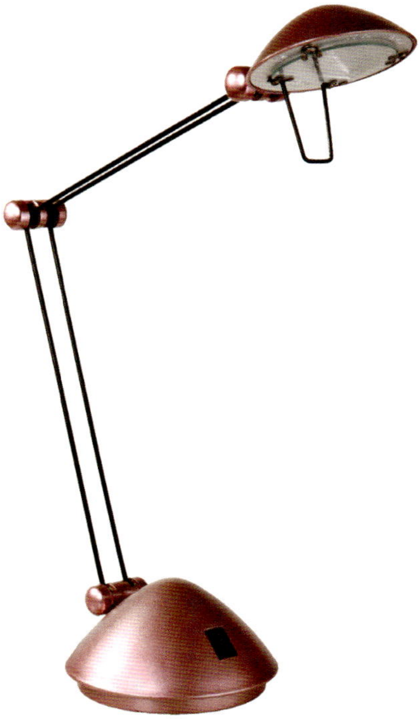

调整出最美观的造型

光圈：F8 快门速度：1/200s 感光度：ISO100 曝光模式：光圈优先 曝光补偿：0EV

电吹风也是较常用的家居用品，它除了能够让我们洗过的头发很快变干，在我们生活中也有很多的用处。拍摄时应该突出其实用的特点和造型特点。

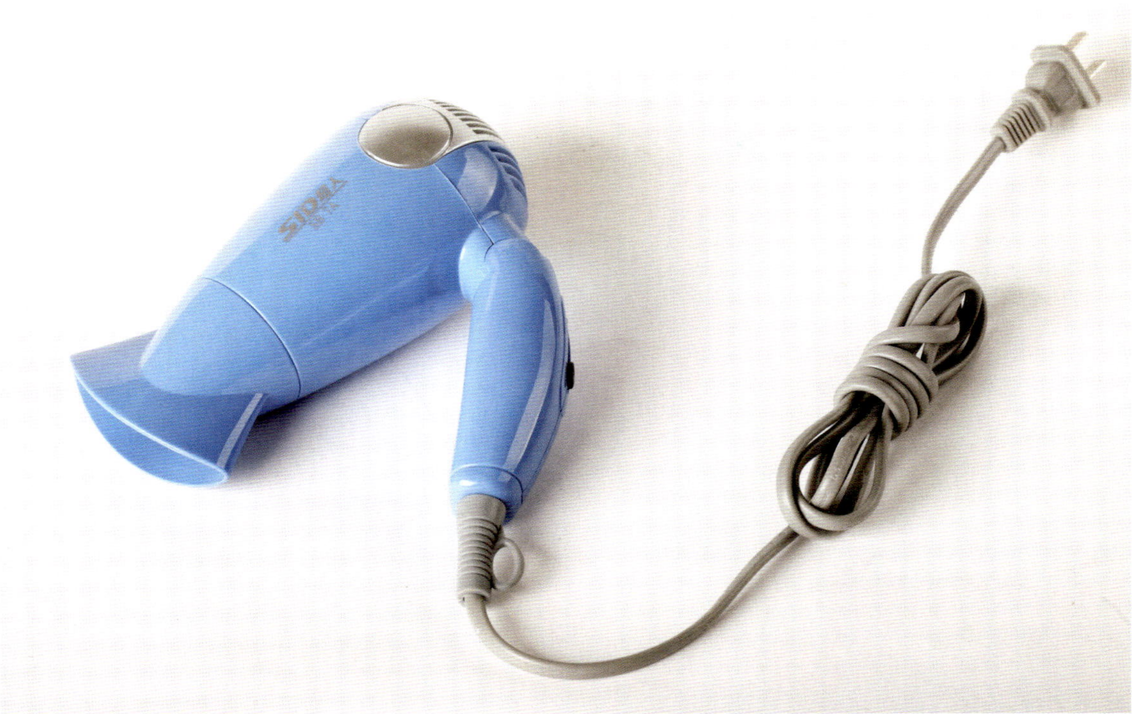

拍摄时应该注意用光展示出电吹风的造型效果

光圈：F8 快门速度：1/200s 感光度：ISO100 曝光模式：光圈优先 曝光补偿：0EV

现在市面上所见到的吹风机大致分为塑料材质和不锈钢材质两种，而这两种材质都具有不同程度的反光特性，所以我们在拍摄的时候，一定要注意吹风机表面的反光问题。

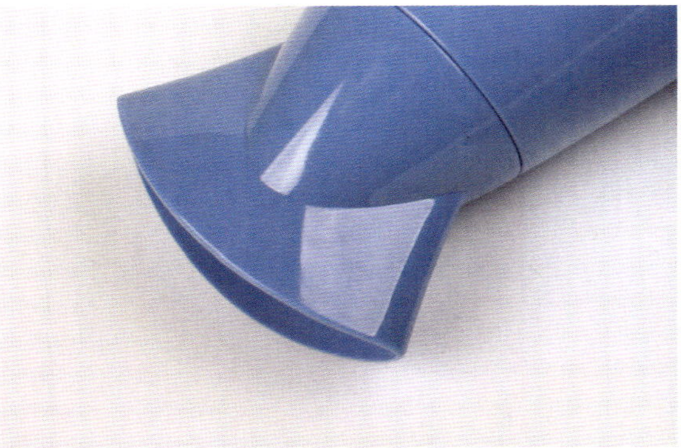

注意控制好电吹风的高光部分

光圈：F8 快门速度：1/200s 感光度：ISO100 曝光模式：光圈优先 曝光补偿：0EV

在拍摄时，我们将电吹风摆在拍摄台上，选择合适的角度，用两盏柔光灯在电吹风的两侧进行照明。这时我们会看到电吹风的表面形成了一部分反光，拍摄要注意反光或高光部分的和谐统一，不能过于杂乱，影响拍摄效果，我们可以通过改变灯光及拍摄的角度来实现，也可利用白卡纸进行遮挡。

拍摄时要将插线合理地摆放，并置于画面中，认真经营画面，这样才能得到比较好的画面效果。所以在拍摄前需对电吹风的插线进行合理地处理，最好将其工整地缠起，否则画面会显得很乱，如果将它置于画面之外，会给人以不完整的感觉，效果也不好。

图中拍摄的电吹风的插线为灰色，因此也降低了曝光的难度。市面上的吹风机插线多为黑色或白色，因此在拍摄时要注意合理曝光，不能太暗或太亮，过度的曝光会使黑色的插线发灰，使白色的插线失去层次，所以拍摄时一定要严格控制曝光，找出最佳的曝光组合。

为了给消费者展示电吹风的较多细节，最后要注意的就是细节的拍摄，包括开关、插头、风筒等。还可以将整套的商品连带外包装都拍摄下来，这样也可以给消费者更加直观地展示产品的形象。

注意布光不要太多，这样会显得杂乱无章

光圈：F8 快门速度：1/200s 感光度：ISO100 曝光模式：光圈优先 曝光补偿：0EV

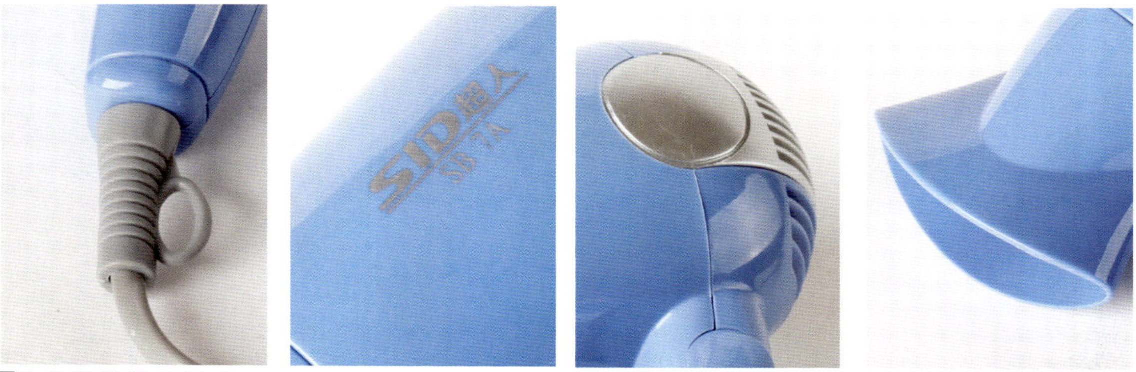

从不同角度拍摄吹风机，以全面展示其外观

光圈：F4 快门速度：1/500s 感光度：ISO100 曝光模式：光圈优先 曝光补偿：0EV

玩具娃娃的拍摄

玩具娃娃如今已不只是儿童的专利，很多女孩子都非常喜欢购买可爱的玩具娃娃，尤其是毛茸茸的布娃娃，更是备受女孩子的喜爱。那么摄影者如何把娃娃拍摄得可爱至极，直接影响着消费者的购买欲。拍摄玩具娃娃要求摄影者能够很清晰地展现出产品的特点，这一节将主要介绍玩具娃娃的拍摄技巧。

可爱的娃娃让人爱不释手

光圈：F8 快门速度：1/125s 感光度：ISO100 曝光模式：光圈优先 曝光补偿：0EV

当我们拍摄可爱的玩具娃娃时，要尽量采用柔和的光线进行拍摄。若使用直接的照明方式进行拍摄，画面会产生浓重的阴影，照片的对比度非常强烈，被照亮的部分比较刺眼。要想拍摄出柔和的、没有阴影的商品照片，摄影者可以利用主灯与辅灯，使用两个柔光箱来进行拍摄，这样就可以淡化商品的阴影。虽然照片上商品的阴影很淡，但是玩具整体的对比度比较弱，不能给人以强烈的感觉。这时，摄影者可以降低一些辅灯的光比，这样即可增强一些画面的对比度。

拍摄布娃娃应该使用尽量柔和的光线

光圈：F11 快门速度：1/125s 感光度：ISO100 曝光模式：光圈优先 曝光补偿：0EV

在拍摄玩具时，背景的选择也非常重要，搭配玩具时，明亮的色彩会比暗沉的色彩更加合适。背景的色彩会影响照片所带给人的感觉，玩具基本都是以白色、粉色、淡蓝色等粉色系为主，使用这样的色彩能呈现出一种柔和的色调。深色调虽然很适合表现画面的高级感，但它并不适合用来拍摄儿童玩具以及活泼的玩具，这种颜色非常适合拍摄成人动漫玩具，能体现出一定的气氛。

通常来说，白色可作为万能背景，但是有时玩具有大片的白色，如果选择白色的背景可能导致玩具的边缘不清晰，而用黑色的背景又显得过于沉闷。因此，建议选择亮丽的颜色，与玩具的颜色可以形成强烈对比。

浅色调背景符合布娃娃的个性

光圈：F8 快门速度：1/200s 感光度：ISO100 曝光模式：光圈优先 曝光补偿：0EV

深色背景不太适合拍摄布娃娃

光圈：F8 快门速度：1/125s 感光度：ISO100 曝光模式：光圈优先 曝光补偿：0EV

在拍摄的时候可以用一些特写来表现布娃娃的布料与质感，体现玩具的细节，展现其特点，也可以穿插一些道具与图片，起到丰富画面的效果，但道具要简洁、小巧一些，起到衬托主体的作用，但需要注意，道具摆放要严谨，构图要合理。若道具多而杂乱，就不能突出所要表达的主体，因此，在拍摄时一定要对构图及道具的摆放有一定要求，这样看起来才比较精致。拍摄时可以全方位地拍摄，包括它的前、后、上、下以及侧面，这样可以全面地展示布娃娃的情况。

布娃娃的局部细节照片

光圈：F4 快门速度：1/200s 感光度：ISO100 曝光模式：光圈优先 曝光补偿：0EV

拍摄布娃娃时，可以适当地加一些陪衬物，更加完美地体现毛绒玩具的特点，这样就不会显得过于呆板，使画面更加丰富。我们常说眼睛是心灵的窗口，拍摄毛绒玩具也是如此，一定要拍摄它的眼睛，玩具才显得活灵活现。如果布娃娃的个头较小，最好使用微距镜头或微距功能来拍，这样就会给观者展现一个微观的童话世界。拍摄的角度也很重要，变换不同的拍摄角度，即使相同的玩具也不会有雷同感。

添加陪衬物以丰富画面

光圈：F8 快门速度：1/200s 感光度：ISO100 曝光模式：光圈优先 曝光补偿：0EV

图书在版编目（CIP）数据

数码单反主题摄影完全攻略/光合摄影网编著. —
福州：福建科学技术出版社，2011. 6
ISBN 978-7-5335-3786-9

Ⅰ. ①数… Ⅱ. ①光… Ⅲ. ①数字照相机：单镜头反
光照相机-摄影技术 Ⅳ. ①TB86②J41

中国版本图书馆CIP数据核字(2010)第252122号

书　　名　数码单反主题摄影完全攻略
编　　著　光合摄影网
出版发行　海峡出版发行集团
　　　　　福建科学技术出版社
社　　址　福州市东水路76号（邮编350001）
网　　址　www.fjstp.com
经　　销　福建新华发行（集团）有限责任公司
排　　版　北京新知互动
印　　刷　福州德安彩色印刷有限公司
开　　本　787毫米×1092毫米　1/16
印　　张　15
字　　数　380千字
版　　次　2011年6月第1版
印　　次　2011年6月第1次印刷
书　　号　ISBN 978-7-5335-3786-9
定　　价　49.80元